普通高等教育"十二五"规划教材

电工学实验指导书
（第二版）

主编　娄　娟
编写　郭佩英　李　辉　李晓丽
主审　赵莲清

中国电力出版社
CHINA ELECTRIC POWER PRESS

内 容 提 要

本书为普通高等教育"十二五"规划教材。本书共分为 6 部分，主要包括电路实验、电机实验、模拟电子技术实验、数字电子技术实验、基于 Multisim 的电工电子学仿真实验和基于 Simulink 的电机学仿真实验。文后还附有部分常用电子元器件和仪器仪表的使用说明，便于学生对照查询。本书的特点包括：内容选材经典，覆盖面广；手段多样，在实际操作实验的基础上，增加了虚拟仿真实验；以学生为本，实用性强，采用实验报告便撕式设计。

本书可作为高等院校热能与动力工程、工程管理等非电类专业的电工学实验课教材，也可作为高职高专教材和相关工程技术人员的参考用书。

图书在版编目（CIP）数据

电工学实验指导书/娄娟主编. —2 版. —北京：中国电力出版社，2012.12（2017.9 重印）
普通高等教育"十二五"规划教材
ISBN 978 - 7 - 5123 - 3701 - 5

Ⅰ.①电… Ⅱ.①娄… Ⅲ.①电工实验—高等学校—教学参考资料 Ⅳ.①TM-33

中国版本图书馆 CIP 数据核字（2012）第 260593 号

中国电力出版社出版、发行
（北京市东城区北京站西街 19 号 100005 http://www.cepp.sgcc.com.cn）
汇鑫印务有限公司印刷
各地新华书店经售
*
2006 年 8 月第一版
2012 年 12 月第二版 2017 年 9 月北京第五次印刷
787 毫米 × 1092 毫米 16 开本 12.5 印张 304 千字
定价 22.00 元

前　言

　　本书第一版于 2006 年 8 月由中国电力出版社出版发行。《电工学实验指导书》是与《电工学》专业基础理论课程相配合的实验课教材，是为了适应教学改革，进行素质教育，培养学生实践动手能力和创新能力而编写的。

　　本书第一版是依据原国家教委电工电子相关课程教学指导委员会制订的课程基本要求，结合多数学校现有的实验设备条件编写的，内容包括电路实验、电机实验、模拟电子技术实验和数字电子技术实验。

　　随着电工技术的发展和人才培养需求的转变，现对本书予以修订。增加了第 5 部分基于 Multisim 的电工电子学仿真实验，第 6 部分基于 Simulink 的电机学仿真实验，形成虚实结合的实验教学方法。仿真软件元器件全、界面直观、操作方便、电路分析手段完备，可以充分调动学生的主观能动性，提升实验水平，是对传统电工实验的一种有利的补充。

　　本书第二版除体现了第一版的几大特点外还体现了虚实结合的特点。引入仿真软件，紧跟电工电子技术的高速发展脉搏，拓宽学生设计思路，提高学生计算机应用水平。

　　参与本书（第二版）编写的有娄娟、郭佩英、李辉、李晓丽，由娄娟主编，由华北电力大学赵莲清老师担任主审。在新版修订的过程中，请戴健、郑乐、彭冲和李文彪对仿真实验进行了设计、试做和定稿，在此表示衷心的感谢。

　　限于编者水平，书中难免存在不妥和疏漏之处，殷切希望采用本教材的教师和同学批评指正，以便完善和提高。

编　者

2012 年 10 月

第一版前言

为贯彻落实教育部《关于进一步加强高等学校本科教学工作的若干意见》和《教育部关于以就业为导向深化高等职业教育改革的若干意见》的精神,加强教材建设,确保教材质量,中国电力教育协会组织制订了普通高等教育"十一五"教材规划。该规划强调适应不同层次、不同类型院校,满足学科发展和人才培养的需求,坚持专业基础课教材与教学急需的专业教材并重、新编与修订相结合。本书为新编教材。

《电工学实验指导书》是与《电工学》专业基础理论课程相配合的实验课教材,是为了适应教学改革,进行素质教育,培养学生实践动手能力和创新能力而编写的。

本实验教材是依据原国家教委电工电子相关课程教学指导委员会制订的课程基本要求,结合多数学校现有的实验设备条件编写的,内容包括电路实验、电机实验、模拟电子技术实验和数字电子技术实验。

本教材力求体现如下特点:

(1) 覆盖面广:涵盖电工技术和电子技术所要求的相关内容,本科和专科的电类及非电类相关专业的学生均可使用,结合不同专业内容具有可选性。

(2) 选材经典:教材中所选择的实验少而精,是学生必做的经典项目,具有很强的通用性,各学校亦可根据自身情况进行调整。

(3) 结合教改:设置了相应的设计性实验和扩展性实验,注重培养学生的实践动手能力和思维创新能力,有助于学生综合素质的培养。

(4) 以人为本:采用实验报告一体化便撕式设计,学生做完实验即可填写数据、绘图并上交,节省了重复抄写的时间,实用性强,受到学生好评。

(5) 编排新颖:页面设计美观,图文并茂,易学易用;重点内容清晰,使学生对实验目的更加明确;注意事项突出,最大限度地减少学生在实验过程中对设备的损坏。

本书是在结合多年的实验教学经验基础上编写的,由娄娟主编,刘晓峰、郭佩英为参编。为了了解学生对实验指导书的要求和感受,还请张撼难、唐梦娴和赵敌敌三位同学为本书出谋划策,并做了大量的文字图片录入工作,在此表示感谢。本书由华北电力大学赵莲清老师担任主审。

由于编者水平有限,书中难免存在不妥和疏漏之处,殷切希望采用本教材的教师和同学批评指正,以便完善和提高。

编 者

2005 年 11 月

目　　录

电工学实验基本要求

电工学实验是电工学课程教学环节之一，其目的是通过实验来验证和巩固所学理论知识。通过实验使学生掌握基本的实验方法与操作技能和技巧，使学生学会根据实验目的拟定实验线路、选择所需仪表、确定实验步骤、测量所需数据，进行计算与分析研究，得出必要的结论，撰写实验报告。

现按实验过程提出下列基本要求。

一、实验前准备

实验前应复习相关理论知识，认真阅读本次实验的指导书，明确实验的目的、内容、方法与步骤，明确实验过程中应注意的问题。认真做好实验前的准备工作，对于培养学生独立工作能力、提高实验质量和效率都是很重要的。

二、实验的进行

(1) 建立小组，合理分工。每次实验以小组为单位进行，每组由2～3人组成，推选组长一人，组长负责组织实验的进行，务求在实验过程中操作协调、数据准确。

(2) 抄录铭牌，选择仪表。实验前应首先熟悉实验设备，记录铭牌上的相关数据，然后将仪表设备布置整齐，便于测量数据。

(3) 按图接线，力求简明。根据实验线路图及所选仪表设备，按图接线，线路力求简单明了。接线原则是先串联主回路，再接并联支路，也就是说，由电源开关后开始，连接主要的串联回路，如果是三相，则三根线一齐往下接；如果是单相或直流，则从一极出发，经过主要线路及各仪表、设备，最后返回到另一极。

(4) 按照计划，测量数据。预习时对实验内容与实验结果应事先做好理论分析，并预测实验结果的大致趋势，做到心中有数；正式实验时，根据预习制定计划、测量数据。

(5) 认真负责，完成实验。实验完毕，应将数据交指导教师审阅，认可后，才允许拆线，并整理好实验台，归还仪表、工具等。

三、实验报告撰写

实验报告应根据实验目的、实验数据及在实验中观察和发现的问题，经过分析研究得出结论，或通过分析讨论得出心得体会。

实验报告要简明扼要、字迹清楚、图表整洁、结论明确。其内容包括：

(1) 实验名称、专业班级、姓名、同组同学姓名、实验台号、实验日期。

(2) 列出被试电机及使用的设备仪表编号、规格、铭牌数据。

(3) 扼要写出实验步骤（要自己总结）。

(4) 整理数据并绘制曲线。曲线绘制比例要适当，要用曲线尺或曲线板连成光滑曲线，不在曲线上的点仍按实际数据标出。

(5) 根据实验结果进行计算分析，最后得出结论，这是由实践再上升到理论的提高过程，是实验报告中重要的一部分。

每次实验每人独立做一份报告，按时收齐送交指导教师批阅。

四、实验成绩考核

（1）实验成绩考核主要是通过实验时的观察、提问及实验报告来确定的。

（2）若实验为考查课，则考查不及格者不许参加理论考试。

（3）凡因病、因事及预习不合格者给予一次补做实验的机会，无故缺席者另作处理。

第1部分 电路实验

1.0 电路教学实验台简介

一、DL-1型通用电工（直流）实验台

直流实验台总体外观结构如图1-0-1所示。图中各部件及其序号为：①电源仪表控制屏；②直流部分实验模块；③自耦变压器；④直流电源及函数信号发生器；⑤实验桌，内可放置各种组件；⑥外挂万用表；⑦十进制可调电阻箱；⑧三相可调电阻器；⑨可调变阻器。

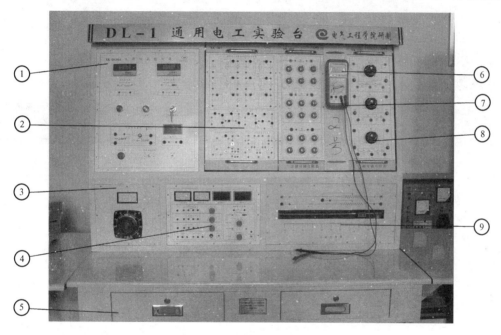

图1-0-1 直流实验台总体外观

1. 电源仪表控制屏

电源仪表控制屏面板如图1-0-2所示，图中各部件及其序号为：

① 直流电压表。其量程分为200mV、2V、20V、200V四挡。

② 直流电流表。其量程分为20mA、200mA、2A三挡。

③ 电源总开关。当钥匙开关转向"开"的位置，电源控制屏接通电网。

④ 电源停止开关。按下此按钮开关，红灯亮绿灯灭，表明单相交流电源无电压输出。

⑤ 电源启动开关。当按下此开关时，绿灯亮红灯灭，主电路接触器闭合，输出单相交流电。

⑥ 主电源输出。输入220V交流电压，输出0～220V交流电压。

⑦ 电源指示灯。

⑧ 钮子开关。它能实现电网输入和调压输出间的切换。

⑨ 照明开关。

⑩ 频率计。

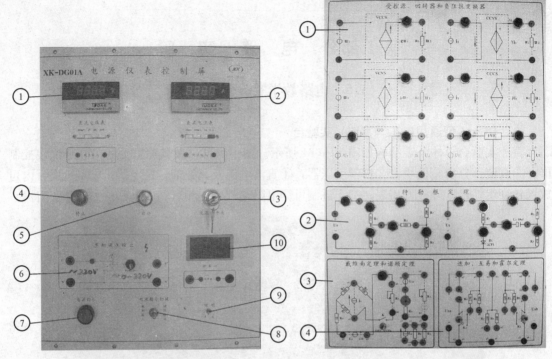

图 1-0-2　电源仪表控制屏　　　　　图 1-0-3　直流部分实验模块

2. 直流部分实验模块

直流部分实验模块面板如图 1-0-3 所示。该模块主要包括四个部分：

① 受控源、回转器和阻抗变换器实验模块。

② 特勒根定理实验模块。

③ 戴维南定理和诺顿定理实验模块。

④ 叠加、互易和霍尔定理实验模块。

3. 直流电源及函数信号发生器

直流电源及函数信号发生器面板如图 1-0-4 所示。图中各部件及其序号为：

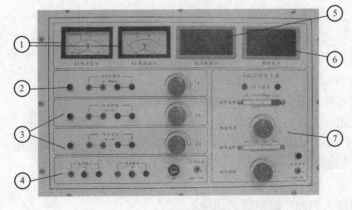

图 1-0-4　直流电源及函数信号发生器

① 指针式 U_1、U_2 直流电压显示表。

② 0～300mA 恒流源输出。

③ U_1、U_2 直流电压输出。

④ +5V、-5V 直流电压输出，熔断器及电源开关。

⑤ 数字式恒流源电流显示。

⑥ 函数信号发生器输出信号频率显示。

⑦ 函数信号发生器。输出频率可调、幅值可调的方波、三角波和正弦波，频率分为 100Hz、1kHz、10kHz、100kHz 四挡。

二、DL-1 型通用电工（交流）实验台

交流实验台总体外观结构如图 1-0-5 所示。图中各部件及其序号为：①电源仪表控制屏；②交流部分实验模块；③三相电压调节；④直流电源及函数信号发生器；⑤电容组件。

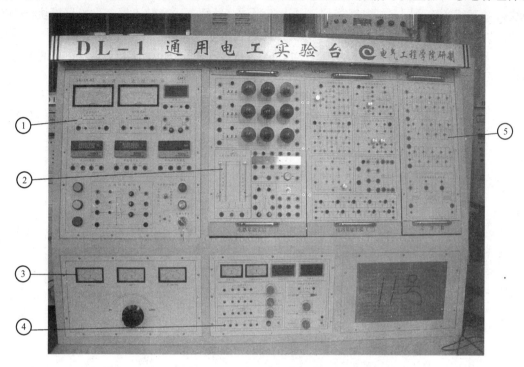

图 1-0-5 交流实验台总体外观

1. 电源仪表控制屏

电源仪表控制屏面板如图 1-0-6 所示，图中各部件及其序号为：

① 交流电压表。其量程分 10V、30V、100V、300V、500V 五挡。

② 交流电流表。其量程分 0.3A、1A、3A、5A 四挡。

③ 单相功率表。其电流量程为 0～5A，电压为 220V。

④ 三相调压输出。输入 220V 三相交流电压，输出 0～220V 三相交流电压。

⑤ 照明与实验切换开关。

⑥ 电源总开关。

⑦ 电源停止与启动指示灯。

⑧ 电压指示切换开关。

⑨ 单相功率因数表。其电流量程为 0～5A，电压为 220V。

⑩ 日光灯管。

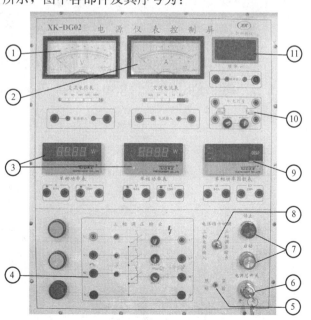

图 1-0-6 电源仪表控制屏

⑪ 频率计。

2. 交流部分实验模块

交流部分实验模块面板图如图1-0-7所示。图中各部件及其序号为：①三相灯组负载模块；②互感实验及同名端判断模块；③电流测试（替续器）及镇流器、发光器模块；④铁芯变压器模块；⑤三相开关；⑥元件伏安特性测量实验模块；⑦一阶动态电路分析实验模块；⑧无源双口网络实验模块；⑨二阶动态电路分析实验模块；⑩RLC串、并联谐振实验模块；⑪交流参数的测定实验模块；⑫均匀传输线实验模块。

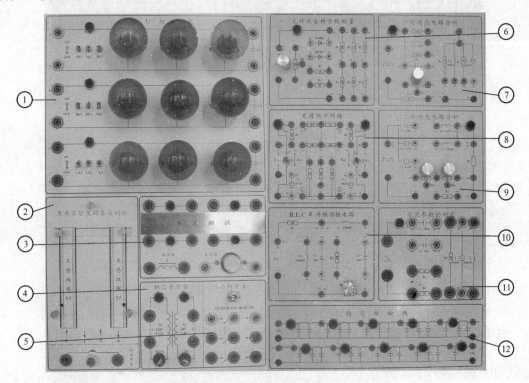

图1-0-7　交流部分实验模块面板图

非正弦周期电压电流测量模块单独设置，其面板如图1-0-8所示。

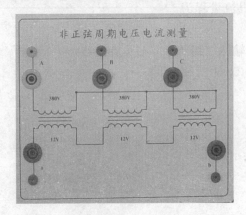

图1-0-8　非正弦周期电压电流实验模块

1.1 基尔霍夫定律和叠加定理

一、实验目的

(1) 验证基尔霍夫定律和叠加定理。

(2) 加深对参考方向的理解。

(3) 学习正确使用元件和设备。

二、实验仪器

(1) 综合实验台

(2) 直流稳压电源 　　　　1 台

(3) 直流稳流电源 　　　　1 台

(4) 直流电流表 　　　　　1 块

(5) 直流电压表 　　　　　1 块

三、预习要求

(1) 复习基尔霍夫定律和叠加原埋。

(2) 阅读仪表使用方法。

四、实验原理

(1) 基尔霍夫定律是电路理论中最基本最重要的定律之一，广泛应用于线性和非线性电路的分析计算中。

基尔霍夫电流定律（KCL）：电路中任意时刻流入（或流出）任意节点的电流之代数和为零，可写为
$$\sum I = 0$$

通常规定：流出节点电流为正，流入节点电流为负。

基尔霍夫电压定律（KVL）：电路中任意时刻沿任意闭合路径各段电路电压之代数和恒等于零，可写为
$$\sum U = 0$$

(2) 叠加定理：在任何由独立源、线性受控源、线性元件组成的电路中，每一支路的响应（电压或电流），都可以看成是各个独立电源单独作用时，在该支路中产生响应的代数和。这里所说一个独立电源单独作用，是指除了该独立电源外，其余独立电源均为零值。若电路中存在着实际电源，则电源的内阻或电导应保留在原电路中。

叠加定理适用于线性电路中电压和电流的计算。但一般来讲，它不适用于功率的计算。

(3) 参考方向：为了分析计算电路方便，应假定一个电流（或电压）的正方向，称为参考方向。电路中只有确定了参考方向，电流（或电压）的正、负值才有意义。若参考方向与实际方向一致，则计为正；若参考方向与实际电流方向相反，则计为负。

五、实验内容

(1) 严禁将电压源输出端短路，在连接电路、换接电路、拆线前，应切断电源。

(2) 正确选择仪表的量程。测量时，仪表的表笔与测试点应接触牢靠，防止接触电阻对测量结果产生影响。

1. 验证基尔霍夫定律

（1）按图 1-1-1 连接线路。U_{s1} 和 U_{s2} 由直流稳压电源提供，实验前应仔细调准 U_{s1} 和 U_{s2} 的值。若实验中改用电流源作为激励，也应仔细调准直流稳流电源的输出值。

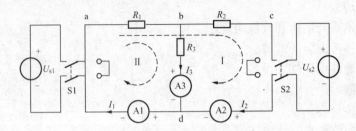

图 1-1-1　基尔霍夫定律实验电路图

（2）验证 KCL。

1）接通电源，将开关 S1、S2 分别合向 U_{s1}、U_{s2} 侧，观察按参考方向接入的各电流表指针的偏转方向。

　　若发现电流表反向偏转时，应及时断开电源，将该表的正、负极性端子的接线对调，其读数记为负。

2）读取电流值 I_1、I_2 和 I_3，记入表 1-1-1 中，验证 $\sum I = 0$。

（3）验证 KVL。

1）实验电路如图 1-1-1 所示。用电压表测量回路 I 中的 U_{ab}、U_{bc}、U_{cd}、U_{da}；测量回路 II 中的 U_{ab}、U_{bd}、U_{da}，记入表 1-1-2 中，验证 $\sum U = 0$。

2）改变 R_3 的阻值，重新验证 $\sum U = 0$。

　　当测量 U_{ab} 时，应将电压表的正、负极性端分别与 a、b 点相接触，若电压表指针反向偏转，应立即对调电源表的正、负极性，且将该表的读数记为负。

2. 验证叠加定理

实验线路如图 1-1-1 所示。

（1）当 U_{s1} 单独作用时（$U_{s2}=0$，即 S2 扳至短路侧），测量出 I_1'、I_2'、I_3'、U_{ab}'、U_{bd}'、U_{bc}'。

（2）当 U_{s2} 单独作用时，测量出 I_1''、I_2''、I_3''、U_{ab}''、U_{bd}''、U_{bc}''。

（3）当 U_{s1}、U_{s2} 共同作用时，测量出 I_1、I_2、I_3、U_{ab}、U_{bd}、U_{bc}。

以上测量数据均记入表 1-1-3 中。

（4）将图 1-1-1 中的电压源 U_{s1} 改换为电流源 I_{s1}，再验证叠加定理。数据记入表 1-1-4 中。

实 验 报 告

实验名称 _____基尔霍夫定律和叠加定理_____

班 级 _____ 姓名_____ 学号_____

同组姓名 _____

实验日期 _____ 审阅教师_____

一、实验目的

二、实验步骤（简要叙述）、结果及分析

步骤 1：

表 1-1-1 验证 KCL

I_1	I_2	I_3	$\sum I$

表 1-1-2 验证 KVL

R_3	回路	U_{ab}	U_{bc}	U_{cd}	U_{bd}	U_{da}	$\sum U$
	I						
	II						
	I						
	II						

步骤 2：

表 1-1-3 验证叠加定理（1）

序号	测量	R_1 支路		计算	R_2 支路		计算	R_3 支路		计算
		I_1	U_{ab}	P_1	I_2	U_{bc}	P_2	I_3	U_{bd}	P_3
1	$U_{s1}=20\text{V}$ 单独作用									
2	$U_{s2}=15\text{V}$ 单独作用									

续表

序号	测量	R_1 支路		计算	R_2 支路		计算	R_3 支路		计算
		I_1	U_{ab}	P_1	I_2	U_{bc}	P_2	I_3	U_{bd}	P_3
3	U_{s1}、U_{s2} 同时作用									

结论:

表 1 - 1 - 4　　　　　　　　　验证叠加定理 (2)

序号	测量	R_1 支路		计算	R_2 支路		计算	R_3 支路		计算
		I_1	U_{ab}	P_1	I_2	U_{bc}	P_2	I_3	U_{bd}	P_3
1	$I_{s1}=100\text{mA}$ 单独作用									
2	$U_{s2}=15\text{V}$ 单独作用									
3	I_{s1}、U_{s2} 同时作用									

结论:

三、思考题

1. 叠加定理的应用条件是什么?

2. 若实验电路中电源内阻不能忽略,应该如何处理?

3. 为什么线性电路中支路的电压、电流可以叠加而功率不能叠加?

1.2 等效电源定理

一、实验目的

（1）加深对戴维南定理和诺顿定理的理解。

（2）学习测量线性有源一端口网络等效电路参数的方法。

（3）熟悉直流仪表的使用方法。

二、实验仪器

（1）综合实验台

（2）直流稳压电源　　　　　1台

（3）直流稳流电源　　　　　1台

（4）直流电流表　　　　　　1只

（5）直流电压表　　　　　　1只

（6）电阻箱　　　　　　　　2只

（7）滑线变阻器　　　　　　1只

（8）检流计　　　　　　　　1只

三、预习要求

（1）复习戴维南定理和诺顿定理的内容。

（2）了解仪表内阻对测量准确度的影响，提高正确选用仪表和分析误差的能力。

四、实验原理

（1）戴维南定理：任一线性有源一端口网络，对端口外部的电路而言，总可以用一条含电压源与电阻串联的支路来代替。该电压源的电压等于有源一端口网络的开路电压 u_{oc}，电阻等于有源一端口网络化为无源网络后的入端等效电阻 R_{eq}。

（2）诺顿定理：任一线性有源一端口网络，对端口外部的电路而言，总可以用一个电流源与电导的并联组合来代替。该电流源的电流等于有源一端口网络的短路电流 i_{sc}，电导等于有源一端口网络化为无源网络后的入端等效电导 G_{eq}。

戴维南定理和诺顿定理从不同角度，把线性有源一端口网络概括为一个等效电源，分别称为戴维南等效电路和诺顿等效电路，二者等效变换的条件为

$$u_{oc} = i_{sc} / G_{eq} \quad G_{eq} = 1 / R_{eq}$$
$$i_{sc} = u_{oc} / R_{eq} \quad R_{eq} = 1 / G_{eq}$$

线性有源一端口网络 N 的等效电路如图 1-2-1所示。

（3）测量线性有源一端口网络的入端等效电阻 R_{eq} 的几种方法分别如下。

1）由戴维南定理和诺顿定理可知，只要测出开路电压和短路电流，就可以求出入端等效电阻，即

$$R_{eq} = u_{oc} / i_{sc}$$

此法必须在短路电流 i_{sc} 的数值小于有源一端

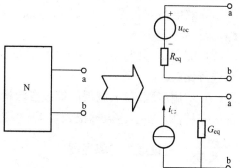

图 1-2-1 线性有源一端口网络 N 的等效电路

口网络允许的范围内进行，否则会因短路电流过大而损坏网络内的器件，电路如图 1-2-2 所示。

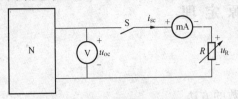

图 1-2-2　测量线性有源一端口
网络的入端等效电阻 R_{eq}

2）测出有源一端口网络的开路电压 u_{oc} 后，再测出负载电阻 R 的端电压 u_R，电路仍如图 1-2-2 所示，因为 $u_R = \dfrac{u_{oc}}{R_{eq} + R}R$，故入端等效电阻为

$$R_{eq} = \left(\frac{u_{oc}}{i_{sc}} - 1\right)R$$

3）将线性有源一端口网络中的所有独立电源置零，便得到线性无源一端口网络 N0，然后在端口处外加一给定电压 u，测出流入端口的电流 i，如图 1-2-3 所示，则 $R_{eq} = \dfrac{u}{i}$，也可以在端口处接入给定电流 i，测出端口电压 u，则 $R_{eq} = \dfrac{u}{i}$。

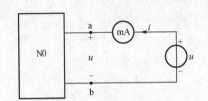

图 1-2-3　测量线性无源一端口网络入端等效电阻

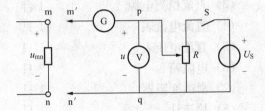

图 1-2-4　补偿法测量电路电压

（4）介绍一种准确测量电路电压的方法——补偿法，以供测量电路的开路电压时采用。测量电路如图 1-2-4 所示，其测量步骤如下。

1）先把毫安表接在检流计 G 的位置上，使 m′、n′ 分别与 m、n 对应相接，并调节分压器 R，使毫安表读数为零。

2）再用检流计 G 替换毫安表，并仔细调节分压器，使 G 指示为零，则电压表 V 的指示值就是被测量电压，即 $u = u_{mn}$。

在上述测量方法中，因为 G 指示为零，表明 m、p 两点的电位相同，所以电压表所指示的电压就是被测电压。G 指示为零，又表明测量电路的接入对被测电路的工作状态没有影响。

五、实验内容

（1）按图 1-2-5 接线，其中电流源 i_s 可选接，测出线性有源一端口网络 N 的外部伏安特性，将实验数据记入表 1-2-1 中，并根据测量出的数据，求出戴维南等效电路和诺顿等效电路的各等效参数：u_{oc}、R_{eq} 和 i_{sc}、G_{eq}。

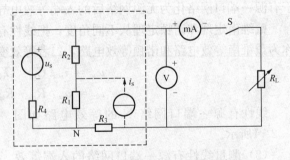

图 1-2-5　等效电源定理实验电路图

（2）测 R_{eq}，并与步骤（1）中测得的结果进行比较。

（3）应用步骤（1）测得的等效参数构成戴维南等效电路和诺顿等效电路，分别测出其外部伏安特性，将实验数据记入表 1-2-2 和表 1-2-3 中。

扩展实验　**验证最大功率定理**

在图 1-2-5 中，R_L 为何值时它才能获得最大功率？验证之。

实 验 报 告

实验名称　　　　　　等 效 电 源 定 理

班　　级　　　　　　姓 名　　　　　　学 号

同组姓名

实验日期　　　　　　审阅教师

一、实验目的

二、实验步骤（简要叙述）、结果及分析

步骤 1:

表 1-2-1　　　　　　线性有源一端口网络的外部伏安特性

R （Ω）	0	200Ω	400Ω	800Ω	1600Ω	2000Ω	∞
I （mA）							
U （V）							

求出戴维南等效电路和诺顿等效电路的各等效参数：

$u_{oc} =$　　　　　　　　　　$R_{eq} =$

$i_{sc} =$　　　　　　　　　　$G_{eq} =$

步骤 2:

测得的 $R_{eq} =$

与步骤 1 结果比较分析：

步骤 3:

表 1-2-2　　　　　　戴维南等效电路的外部伏安特性

R （Ω）	0	200Ω	400Ω	800Ω	1600Ω	2000Ω	∞
I （mA）							
U （V）							

表 1 - 2 - 3　　　　　　　　　　　　　**诺顿等效电路的外部伏安特性**

R（Ω）	0	200Ω	400Ω	800Ω	1600Ω	2000Ω	∞
I（mA）							
U（V）							

绘出原网络和等效网络的外部伏安特性曲线：

测量误差分析：

扩展实验方法简述及结论：

三、思考题

1. 当有源一端口网络内部某元件不允许 a、b 端直接短路时，应如何测量入端等效电阻 R_{eq}？并说明其原理。

2. 影响开路电压 u_{oc} 和短路电流 i_{sc} 测量精度的因素有哪些？减小误差最简单又合理的办法是什么？

3. 给定一线性有源一端口网络，在不测量 u_{oc} 和 i_{sc} 的情况下，如何用实验方法求得该网络的等效参数？

1.3 特勒根定理和互易定理

一、实验目的

（1）加深对特勒根定理的理解。

（2）加深对线性定常网络中互易定理的理解。

（3）进一步练习设计实验线路和正确选用元件、设备。

二、实验仪器

（1）直流稳压电源　　　　　1台

（2）直流稳流电源　　　　　1台

（3）直流电流表　　　　　　1只

（4）直流电压表　　　　　　1只

（5）电路元件　　　　　　　若干

三、预习要求

（1）复习特勒根定理的内容。

（2）复习互易定理的内容。

四、实验原理

1. 特勒根定理

特勒根定理是电路中一个普遍适用的定理。对于任何集中参数网络，不论是非线性的或线性的，不论是有源的或无源的，也不论是时变或定常的，只要它们的支路电压 u_1、u_2、$\cdots$、u_b 满足由 KVL 所加的全部约束，它们的支路电流 i_1、i_2、$\cdots$、i_b 满足由 KCL 所加的全部约束，特勒根定理均成立。

定理一：对任意一个具有 b 条支路的网络，则有

$$\sum_{k=1}^{b} u_k i_k = 0$$

其中，u_k、i_k 是第 k 条支路上的电压和电流。当支路的电压与电流的参考方向一致时，这个定理实质上反映网络中的功率守恒关系。

定理二：对于两个拓扑图完全相同的网络 N 和 $\hat{\text{N}}$（各对应支路元件可以不同），则有

$$\sum_{k=1}^{b} u_k \hat{i}_k = 0 \qquad\qquad \sum_{k=1}^{b} \hat{u}_k i_k = 0$$

当网络 N 中支路电压 u_k（或 i_k）与网络 $\hat{\text{N}}$ 中支路电流 $\hat{i}_k$（或 $\hat{u}_k$）的对应参考方向一致时，乘积取正号；反之取负号。

这个定理一般称为"似功率守恒"，没有具体的物理含义。

2. 互易定理

一个仅由电阻、电容、电感组成的线性定常二端口网络称为互易网络。

互易定理有三种形式。

第一种形式：如图 1-3-1 所示，电压源 u_s 作用于互易网络的任意支路 A，在支路 B 产生的响应电流 i，等于电压源作用于支路 B 时，在支路 A 所产生的响应电流 i。

第二种形式：如图 1-3-2 所示，电流源 i_s 作用于互易网络的任意支路 A，在支路 B 产

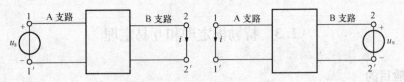

图 1-3-1　互易定理第一种形式

生的响应电压 u，等于电流源 i_s 作用于支路 B 时，在支路 A 所产生的响应电压 u。

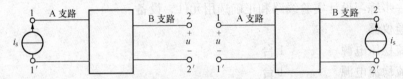

图 1-3-2　互易定理第二种形式

第三种形式：如图 1-3-3 所示，电压源 u_s 作用于任意支路 A，在支路 B 产生的响应电流为 i，那么在支路 B 施加的电流源 $i_s = i$ 时，则支路 A 产生的响应电压 $u = u_s$。

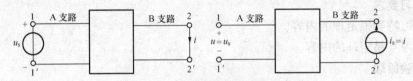

图 1-3-3　互易定理第三种形式

五、实验内容

（1）按图 1-3-4 分别连接电路，测量各支路的电流和电压，填入表 1-3-1 中，验证特勒根定理。

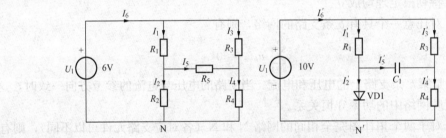

图 1-3-4　特勒根定理验证实验电路图

（2）按图 1-3-5 连接电路，测取实验数据，填入表 1-3-2 中，验证互易定理第一种形式。更换电源及测量仪表，验证互易定理第二种形式和第三种形式。

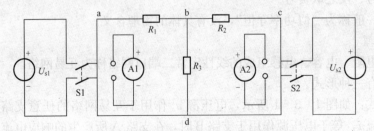

图 1-3-5　互易定理验证实验电路图

实 验 报 告

实验名称 _____特 勒 根 定 理 和 互 易 定 理_____

班　　级 _____ 姓 名 _____ 学 号 _____

同组姓名 _____

实验日期 _____ 审阅教师 _____

一、实验目的

二、实验步骤（简要叙述）、结果及分析

步骤1：

表1-3-1　　　　　　　　　　　　特 勒 根 定 理 验 证 表

电路	I_1	I_2	I_3	I_4	I_5	I_6	U_1	U_2	U_3	U_4	U_5	U_6	$\sum P$
N													
电路	I_1'	I_2'	I_3'	I_4'	I_5'	I_6'	U_1'	U_2'	U_3'	U_4'	U_5'	U_6'	$\sum P'$
N'													

步骤 2:

表 1 - 3 - 2　　　　　　　　　　　　　　　互 易 定 理 验 证 表

第一种形式				第二种形式				第三种形式			
U_{S1}	U_{S2}	I_1	I_2	I_{S1}	I_{S2}	U_1	U_2	U_{S1}	I_{S2}	I_1	U_2

三、思考题

特勒根定理和互易定理之间有何联系?

1.4 交流参数的测定

一、实验目的
(1) 掌握三表法和三压法。
(2) 学习使用功率表。

二、实验仪器
(1) 综合实验台
(2) 交流电压表   1 只
(3) 交流电流表   1 只
(4) 功率表   1 只

三、预习要求
阅读功率表使用方法。

四、实验原理
(1) 交流电路中元件的等值参数或无源一端口网络的等值阻抗，可用交流电压表、交流电流表和功率表分别测出元件两端（或二端网络端口）电压 U，流过元件（或网络）的电流 I 和它所消耗的有功功率 P 之后，通过计算求得。

如图 1-4-1 所示电路（$Z = R_Z + jX_Z$ 为被测元件或网络），有下列关系：

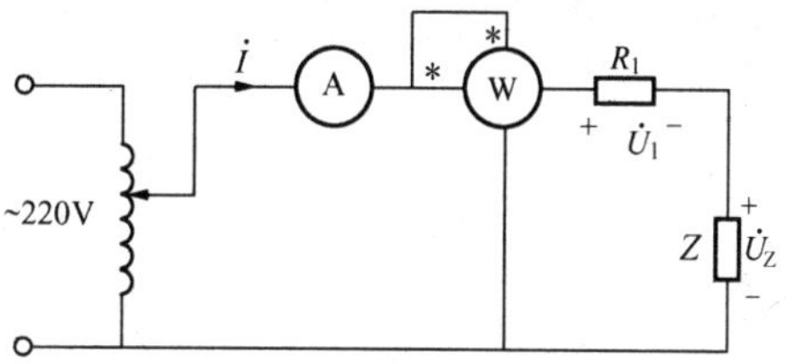

提高功率因数电阻 $R_1 = U_1/I$

电路总电阻 $R = \dfrac{P}{I^2} = R_1 + R_Z$

被测元件等效电阻 $R_Z = R - R_1$

被测元件等效阻抗的模 $\quad |Z| = U_Z/I$

被测元件等效电抗 $\quad X_Z = \sqrt{|Z|^2 - R_Z^2}$

图 1-4-1 交流参数的"三表法"测定实验电路图

若被测元件为感性，则 $L_Z = \dfrac{X_Z}{\omega} = \dfrac{X_Z}{2\pi f}$；若被测元件为容性，则 $C_Z = \dfrac{1}{\omega X_Z} = \dfrac{1}{2\pi f X_Z}$。

这是测定元件交流参数的一种基本方法，由于采用三块仪表，故简称"三表法"。

(2) 测定元件交流参数的另一种方法是三压法。如图 1-4-2 (a) 所示电路，采样电阻 R 与被测阻抗 Z 串联，设 Z 是感性的，则电压相量图如图 1-4-2 (b) 所示，显然下式成立。

$$|Z| = RU/U_R$$

$$\varphi = \arccos[(U^2 - U_Z^2 - U_R^2)/2U_Z U_R]$$

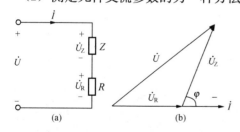

图 1-4-2 交流参数的"三压法"测定实验原理图

故用电压表分别测量出电压 $\dot{U}$、$\dot{U}_Z$ 和 $\dot{U}_R$，就能计算出被测阻抗的模及阻抗角。

(3) 判断被测元件（或网络）是容性还是感性有以下方法。

1) 在被测元件（或网络）的两端并联一个适当大小的电容 C'，若电流增大则该元件（或网络）成容性；反之为感性。

C' 称为试验电容。C' 可按 $B' < |2B|$ 选定，其中 B' 是试验电容的容纳，B 是被测元件的等效容纳。

2）在电路中接入功率因数表，表的指针超前则为容性，滞后则为感性。

3）用示波器观察电压和电流波形，电流超前电压时为容性，反之为感性。

五、实验内容

(1) 按图 1-4-1 接线，用三表法测量电阻器、容性元件、感性元件的等值参数，测量三次然后取平均值。所得数据记入表 1-4-1 中。

(2) 用三压法分别测量容性元件、感性元件的等值参数〔所用元件应与实验内容（1）中所用的相同〕。所得数据记入表 1-4-2 中。

> **(1) 调压器的输出电压应从零值逐渐增至所需值。**
> **(2) 切勿使电压和电流值超过功率表的电压量程和电流量程。**

实 验 报 告

实验名称 _____ 交 流 参 数 的 测 定 _____

班 级 _____ **姓 名** _____ **学 号** _____

同组姓名 _____

实验日期 _____ **审阅教师** _____

一、实验目的

二、实验步骤（简要叙述）、结果及分析

步骤 1：

表 1 - 4 - 1   三表法测元件等值参数

序号	测量值				计算值				
	U_1	U_Z	I	P	R_1	R	R_Z	X_Z	L_Z 或 C_Z
1									
2									
3									

步骤 2：

表 1 - 4 - 2   三压法测元件等值参数

序号	测量值			计算值			
	U	U_1	U_Z	φ	R_Z	X_Z	L_Z 或 C_Z
1							
2							
3							

比较三表法和三压法的结果：

三、思考题

1. 画出图 1 - 4 - 2（a）中 Z 为容性时的电压相量图。

2. 试验小电容的值可否是任意的？为什么 C' 可按 $B' < |2B|$ 来选定？用相量图说明。

3. 功率表的指针若出现反转，是什么原因引起的？如何处理？

1.5　功率因数的提高

一、实验目的

（1）学习提高功率因数的方法，理解提高功率因数的实际意义。

（2）了解日光灯的结构和工作原理。

（3）进一步掌握功率表的使用方法。

二、实验仪器

（1）综合实验台

（2）交流电流表　　　　1只

（3）交流电压表　　　　1只

（4）单相功率表　　　　1只

（5）日光灯电路组件　　1只

（6）电容箱　　　　　　1只

（7）单相调压器　　　　1只

（8）电阻、电感元件　　1只

三、预习要求

（1）复习有关正弦交流电路功率和谐振电路的内容。

（2）了解功率表的使用方法。

四、实验原理

1. 提高功率因数的意义

供电部门将电能经输电线送到用户，其中工业用电为最多，大多数负载是属于感性的（如感应电动机、感应电炉等），其等效电路如图 1-5-1 所示。图中 $Z_1 = R_1 + jX_1$ 为线路阻抗（在工业频率下，如输电线距离不长，可等效为电阻 R_1 和感抗 X_1 相串联），Z 为感性负载。一般情况下，功率因数较低，对电力系统的运行会带来影响。由于电流 $I = \dfrac{P}{U\cos\varphi}$，所

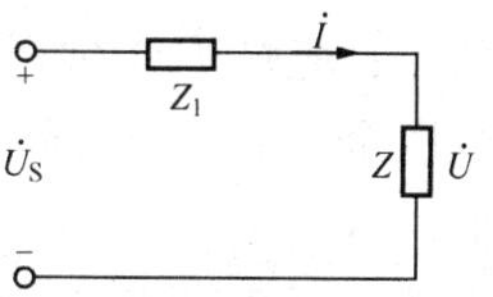

图 1-5-1　感性负载等效电路图

以输电效率 $\eta = \dfrac{P}{P_s} = \dfrac{P}{P + R_1 I^2}$，式中 $\cos\varphi$ 称为功率因数角，即负载的阻抗角。由此可见，为了保证负载获得一定的功率 P，在负载功率因数低的情况下，就要增加线路电流，从而引起线路损耗的增加，降低了输电效率。

在正弦交流电路（如不考虑线路阻抗）中，有功功率 P 一般不等于视在功率 S，只有在纯电阻电路中两者才能相等。只要电路中存在电抗，电路中就存在磁场能量或电场能量与电源能量之间的交换过程。有功功率与视在功率之间的关系为

$$P = UI\cos\varphi = S\cos\varphi$$

综上所述，当电源电压、负载功率为一定时，功率因数越低，电流就越大，输电线损耗越多，电源设备的容量不能被充分利用。因此，提高负载的功率因数，对于降低电能损耗，提高电源设备的利用率和供电质量具有重要的经济意义。

2. 提高功率因数的方法

针对实际用电负载多为感性、功率因数较低的情况，就需要设法加以改变，但是不能用

改变负载的工作状态来实现,简单而又易于实现的方法就是在负载端并联电容器。

负载电流中含有感性无功电流分量,并联电容器的目的就是取其容性无功电流分量去补偿感性无功电流分量,使无功能量只在负载端直接交换,而不再经过输电线与电源进行交换。改变电容的数值可以实现不同程度的补偿,合理地选取电容的数值可以提高负载的功率因数。

实验中以日光灯(连同镇流器)或线性电感线圈作为研究对象,日光灯电路属于感性负载,但镇流器有铁芯,它与线性电感线圈有一定的差别,严格地说,日光灯为非线性感性负载。

3. 日光灯电路结构和工作原理的简要说明

(1) 日光灯电路结构。日光灯电路由灯管、启辉器和镇流器组成,如图 1-5-2 所示。

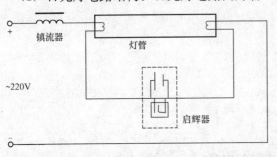

图 1-5-2　日光灯电路

灯管:一根内壁涂有荧光物质的细长(或环形)玻璃管,在管的两端各装一个灯丝电极,电极上涂有受热后易于发射电子的氧化物,管内抽成真空后,再注入微量惰性气体和汞。

启辉器:相当于一个自动开关,它由一个充气二极管和一个并联的小电容器组成。充气管内的两个电极,一个为固定电极,一个为可动电极(由膨胀系数不相等的两种金属材料做成 U 型的双金属片),两个电极管间有一定间隙,通过 U 型双金属片电极的变形和复位,可使两电极接通和分离。

镇流器:一个带有铁芯的电感线圈,它起调整灯管电压和限制灯管电流及有利于灯管启动的作用。

(2) 日光灯工作过程。当日光灯电路与电源(220V)接通时,由于日光灯尚未工作,电源电压全部加在与灯管并联的启辉器上,因启辉器启辉电压低(灯管启辉电压约 500V、启辉器启辉电压约 140V),启辉器放电发热使 U 型双金属片电极变形而接通电路。此时启辉器、镇流器和灯管两端的灯丝流过启动电流,该电流加热了灯管灯丝,使其有利于发射电子,为日光灯启辉创造了条件。U 型电极变形接通电路后,启辉器就停止放电,并开始冷却。当 U 型电极冷却到一定程度时,便收缩复位,即把接通的电路突然断开,在电路被断开的瞬间,电路中电流突然变为零,使镇流器两端产生一个较大的自感电压,该自感电压与电源电压相叠加作用于灯管,使灯管放电导通并伴随放出射线,射线激发管壁荧光物质发出近似于日光的灯光。镇流器在灯管正常工作时起限流作用,并维持灯管稳定工作。

五、实验内容

(1) 研究模拟简单供电线路的工作情况。

实验电路如图 1-5-3 所示。实验中应保持负载端电压 U_2 为给定值不变。

1) 先将开关 S1 合到 2 端,开关 S2 断开,使电压 U_2 在不超过日光灯额定电压的情况下启辉,然后使电压 $U_2 = 220V$,并保持不变。

2) S1 置 1 端,S2 断开,测得 U_1、P_1 及 I。

3) S1 置 2 端,S2 断开,测得 U_2 及 P_2。

4）将实验数据记录在表1-5-1中，根据测得的 I、U_1、U_2、P_1 及 P_2 的数值，计算出 R、X 和 R_1、X_1 以及 $\cos\varphi$（即 $\cos\varphi_2$）、ΔU、ΔP 和 η 的数值。

（2）研究负载端的功率因数为不同数值时对 ΔU、ΔP 和 η 的影响。

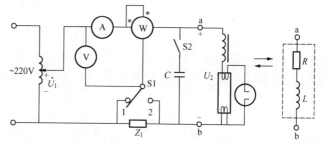

图1-5-3 功率因数的提高实验原理图

实验电路如图1-5-3所示，保持 U_2 不变，闭合 S2，依次增加电容的数值，以改变功率因数，直至负载呈现容性为止。将测得的各组 I、U_2、P_1 和 P_2 的数据记录在表1-5-1中，并计算相应的 $\cos\varphi$、ΔU、ΔP 和 η 的数值。

（3）将日光灯负载改变为电感线圈负载，实验电路如图1-5-3所示。做实验内容（1），测得的各组 I、U_2、P_1 和 P_2 的数据记录在表1-5-2中。

（1）在使用日光灯作负载时，应注意电路的正确连接，镇流器必须与灯管相串联，否则会烧坏灯管。

（2）在改变电容数值时，要仔细测出 $\cos\varphi$ 为最佳值时的数据。

实 验 报 告

实验名称 _____ 功率因数的提高 _____

班　级 _____ **姓名** _____ **学号** _____

同组姓名 _____

实验日期 _____ **审阅教师** _____

一、实验目的

二、实验步骤（简要叙述）、结果及分析

步骤 1：

表 1 - 5 - 1　　　　　　　　日光灯负载实验数据

序号	电容值 (μA)	测 量 数 据					计 算 值			
		I (A)	U_1 (V)	P_1 (W)	U_2 (V)	P_1 (W)	$\cos\varphi$	ΔU (V)	ΔP (W)	η (%)
1										
2										
3										
4										
5										
6										
7										
8										

步骤 2:

画出 $\cos\varphi = f(C)$、$I = f(C)$ 及 $\eta = f(C)$ 的曲线,确定 $\cos\varphi$ 为最佳值时电容 C 的数值。

步骤 3:

表 1-5-2　　　　　　　　　　　　　　　电感线圈负载实验数据

序号	电容值 (μA)	测量数据					计算值			
		I (A)	U_1 (V)	P_1 (W)	U_2 (V)	P_1 (W)	$\cos\varphi$	ΔU (V)	ΔP (W)	η (%)
1										
2										
3										
4										
5										
6										
7										
8										

三、思考题

1. 为什么要用并联电容器的方法提高功率因数? 串联电容器行不行? 为什么?

2. 并入电容器后,日光灯支路的电流和功率是否改变?

1.6 三相电路的电压和电流

一、实验目的

(1) 掌握三相电路的连接方法。

(2) 研究对称三相电路中，相电压与线电压、相电流之间的关系。

(3) 了解不对称三相星形电路的中性点位移和中性线的作用。

(4) 学习测定三相电源相序的方法。

二、实验仪器

(1) 综合实验台

(2) 交流电压表 　　　　1 只

(3) 交流电流表 　　　　1 只

(4) 三相白炽灯箱 　　　1 只

(5) 电容箱 　　　　　　1 只

三、预习要求

复习三相电路的有关内容。

四、实验原理

在三相电路中，无论电源还是负载都有星形和三角形两种连接方式。在星形连接中又包括有中性线（三相四线制）和无中性线（三相三线制）两种情况。本实验主要研究三相电源对称，电阻性负载作星形和三角形连接时，负载对称和不对称、有中性线和无中性线等多种工作条件下，相电压与线电压、相电流与线电流之间的关系。

1. 负载作为星形连接（结果填入表 1 - 6 - 1）

(1) 负载对称。$U_L = \sqrt{3} U_P$，$I_L = I_P$，$U_{N'N} = 0$，$I_{N'N} = 0$。在对称三相电路中，无电流流过中性线。

(2) 负载不对称。

1) 无中性线，出现负载中性点位移现象，各相负载电压不对称。

$$\begin{cases} \dot{U}_{AB} = \dot{U}_{AN'} - \dot{U}_{BN'} & I_L = I_P \\ \dot{U}_{BC} = \dot{U}_{BN'} - \dot{U}_{CN'} & U_L \neq \sqrt{3} U_P \\ \dot{U}_{CA} = \dot{U}_{CN'} - \dot{U}_{AN'} & U_{N'N} \neq 0 \\ \dot{I}_{NN'} = 0 \end{cases}$$

2) 有中性线（忽略中性线阻抗），避免了负载中性点位移，$U_{N'N} = 0$。各相负载电压仍对称，且满足 $U_L = \sqrt{3} U_P$；由于各相负载不对称，三相电流也不对称，中性线电流 $\dot{I}_N = \dot{I}_A + \dot{I}_B + \dot{I}_C \neq 0$。

3) 负载一相短路。电路如图 1 - 6 - 1 所示（S 在②位置），这时另外两相负载相电压升高为电源线电压的值。

4) 负载一相开路。电路如图 1 - 6 - 1 所示（S 打开），这时相负载相电压（$U_{CN'}$）升高为电源相电压的 3/2 倍，另外

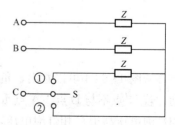

图 1 - 6 - 1 负载一相短路
和一相开路示意图

两相负载相电压下降为电源相电压的 $\sqrt{3}/2$ 倍。

2. 负载为三角形连接（结果填入表 1-6-2）

（1）负载对称。

$$U_L = U_P, \quad I_L = \sqrt{3}I_P$$

（2）负载不对称。

$$\begin{cases} \dot{I}_A = \dot{I}_{AB} - \dot{I}_{CA} & U_L = U_P \\ \dot{I}_B = \dot{I}_{BC} - \dot{I}_{AB} & I_L \neq \sqrt{3}I_P \\ \dot{I}_C = \dot{I}_{CA} - \dot{I}_{BC} \end{cases}$$

3. 三相电源相序的测定

三相电源的相序可用相序表直接测定，也可以利用在三相三线制电路中，因负载不对称造成中性点位移，使负载相电压有规律地（与相序有关）不对称分布来判定相序。如电阻电容相序测试器，电路如图 1-6-2 所示。

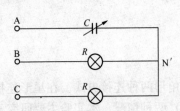 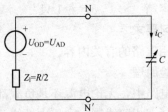

图 1-6-2　电阻电容相序测试电路　　　图 1-6-3　图 1-6-2 的戴维南等效电路

在图 1-6-2 中，求出电容 C 以外电路的戴维南等效电路如图 1-6-3 所示。根据图 1-6-3 可以确定负载中性点 N′，从而画出图 1-6-2 的位形图如图 1-6-4（$\dot{U}_{OC} = \dot{U}_{AB} + \dot{U}_{BC}/2 = \dot{U}_{AD}$）。

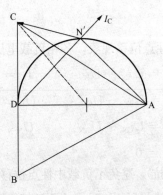

图 1-6-4　图 1-6-2 的位形图

从图 1-6-4 可以看出，负载中性点 N′ 随电容 C 取值的不同在直径为 AD 的半圆周上移动，若 N′ 点不与 D 点、A 点重合，N′ 点在半圆周上任意处，均有 $U_{BN'} > U_{CN'}$ 的关系，即 B 相灯泡电压高于 C 相灯泡电压，所以 B 相灯泡比 C 相灯泡亮。若把接电容相定为 A 相，则灯泡亮的为 B 相、灯泡暗的为 C 相，即可判定电源的相序。通常可取 $R = 1/\omega C$，最佳电容数值为 $C = 2/(\omega R \tan 65.45°)$，这时 C 相电压最小。

五、实验内容

1. 负载接成星形（见图 1-6-5）

（1）负载对称时，有中性线和无中性线两种情况下，测量各线电压、相电压、中性点电压和线电流、相电流、中性线电流。

（2）负载不对称时，有中性线和无中性线两种情况下，测量各线电压、相电压、中性点电压和线电流、相电流、中性线电流。

（3）负载对称时，无中性线情况下，把 C 相负载短路，测量各线电压、相电压、线电流、相电流。

（4）负载对称时，无中性线情况下，把 C 相负载开路，测量各线电压、相电压、线电流、相电流。

（5）负载对称时，无中性线情况下，把 A 相负载换成电容器，观察现象，判定相序。

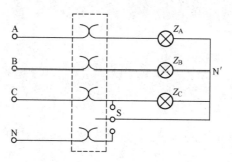

图 1-6-5 星形负载电路

2. 负载接成三角形（见图 1-6-6）

（1）负载对称，测量各线电压、相电压、线电流、相电流。

（2）负载不对称，测量各线电压、相电压、线电流、相电流。

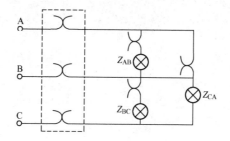

图 1-6-6 三角形负载电路

（1）本实验中，电路换接次数较多，应仔细按照实验电路图连线，防止由于疏忽造成电源短路事故（如星形连接时，未断中性线而将一相负载短路；三角形连接时，误将一相负载短路等）。

（2）测相序时电容值不要加得过大，应取 $C = 1 \sim 10 \mu F$。

（3）实验过程中不仅要记录仪表读数，还应注意灯泡的明暗变化。

（4）三相交流电源必须与三相白炽灯箱的电压等级相配合，若白炽灯的额定电压为 220V，白炽灯箱由若干白炽灯并联构成，则电源线电压应小于 220V。

实 验 报 告

实验名称 _____ 三相电路的电压和电流 _____

班　　级 _____ 姓 名 _____ 学 号 _____

同组姓名 _____

实验日期 _____ 审阅教师 _____

一、实验目的

二、实验步骤（简要叙述）、结果及分析

步骤 1：

表 1 - 6 - 1 　　　　　　　　　 负载星形连接时电压电流

星形连接		线电压			相电压			相电流			中线电流	中点电压
		U_{AB}	U_{BC}	U_{CA}	U_A	U_B	U_C	I_A	I_B	I_C	$I_{NN'}$	$U_{NN'}$
对称	有中性线											
	无中性线											
不对称	有中性线											
	无中性线											
	C相短路											
	C相开路											

步骤 2：

表 1 - 6 - 2　　　　　　　　　　　　负载三角形连接时电压电流

三角形连接	线电压			线电流			相电流		
	U_{AB}	U_{BC}	U_{CA}	I_A	I_B	I_C	I_{AB}	I_{BC}	I_{CA}
对　称									
不对称									

三、思考题

1. 负载接成星形，一相短路时，能否加中线？为什么？

2. 三角形连接时，负载一相发生短路故障，将会出现什么情况？

3. 星形连接无中性线时为什么一相负载变动会影响其他两相的电压和电流？

1.7　三相电路功率的测量

一、实验目的

(1) 学习用"二瓦表法"测量三相电路的有功功率。

(2) 了解测量对称三相电路无功功率的方法。

二、实验仪器

(1) 综合实验台

(2) 三相负载箱　　　　　1只

(3) 三相白炽灯箱　　　　1只

(4) 交流电压表　　　　　1只

(5) 交流电流表　　　　　1只

(6) 单相功率表　　　　　2只

三、预习要求

复习三相电路功率的内容。

四、实验原理

1. 三相电路有功功率的测量（结果填入表 1-7-1）

对于三相三线制电路，如图 1-7-1 所示，无论负载是否对称，均可用两只功率表（瓦特表）测出其总有功功率，故称"二瓦表法"。利用瞬时值表达式可推出总有功功率为

$$P = P_1 + P_2 = P_A + P_B + P_C$$

因为

$$P_1 = u_{AC}i_A = (u_A - u_C)i_A$$

$$P_2 = u_{BC}i_B = (u_B - u_C)i_B$$

且有

$$i_A + i_B + i_C = 0$$

所以

$$P_1 + P_2 = \frac{1}{T}\int_0^1 (u_A - u_C)i_A dt + \frac{1}{T}\int_0^1 (u_B - u_C)i_B dt$$

$$= \frac{1}{T}\int_0^1 u_A i_A dt + \frac{1}{T}\int_0^1 u_B i_B dt + \frac{1}{T}\int_0^1 u_C i_C dt = P_A + P_B + P_C$$

可见，两功率表读数的代数和等于三相负载的总有功功率。

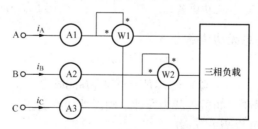

图 1-7-1　二瓦表法测总有功功率

当三相负载为感性或容性时，两功率表中有一表可能反向偏转，如出现反向偏转时，应立即扳动功率表上的极性（换向）开关，使表正向偏转，但该功率表的读数应记为负值。在接线正确的情况下，如果功率表的读数出现负值，则是因为作用在功率表上的电压和通过功率表的电流之间的相位差大于 90°，其余弦值为负值所致。此法不适用于三相四线制电路。

对于三相四线制电路,如图 1-7-2 所示,无论负载是否对称,均可用三只功率表分别测出各相负载的有功功率,相加后得到三相电路的总有功功率,即 $P=P_A+P_B+P_C$。

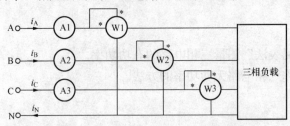

图 1-7-2　三瓦表法测总有功功率

当电路负载对称时,只需用一只功率表测出其中一相负载的有功功率,便可求出三相总有功功率,即 $P=3P_A=3P_B=3P_C$。

2. 对称三相电路无功功率的测量(结果填入表 1-7-2)

利用功率表采用适当的接线方式,可以测出三相电路中的无功功率。本实验仅研究对称三相负载无功功率的测量。

(1)利用一只功率表测量对称三相负载的无功功率,如图 1-7-3 所示。将功率表的电流线圈串接于任一端线之中,而将其他电压线圈并联在另外两端线之间,则功率表的读数与对称三相负载的总无功功率的关系为

$$Q=\sqrt{3}P$$

利用相量图 1-7-4 很容易得到证明。功率表的读数为

$$P=U_{AC}I_B\cos(90°+\varphi)=\sqrt{3}U_PI_P\cos(90°+\varphi)=-\sqrt{3}U_PI_P\sin\varphi$$

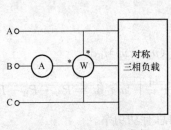

图 1-7-3　测无功功率

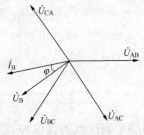

图 1-7-4　相量图

由于对称三相电路的总无功功率为

$$Q=3U_PI_P\sin\varphi$$

故得

$$Q=-\sqrt{3}P=-3U_PI_P\sin\varphi$$

式中,负号表示负载为感性。如果负载为容性,则无功功率为正值。应注意有功功率的单位为瓦(W),无功功率的单位为乏(var)。

(2)应用"二瓦表法"测量对称三相电路的无功功率,接线方式与图 1-7-1 相同。此时,两功率表的读数与三相负载的总无功功率之间的关系为

$$Q=\sqrt{3}(P_1-P_2)$$

这种测量方法只适用于对称三相负载的情况。应用"二瓦表法"测量三相负载的有功功率之后,可以同时利用两功率表的读数计算出三相负载的无功功率,所以测量是很方便的。

此外测量对称三相电路的无功功率还可以有其他的接线方式。

五、实验内容

1. 测量三相星形或三角形负载的有功功率

(1) 用"一瓦表法"和"二瓦表法"测对称电阻负载（可用白炽灯箱）。

(2) 用"二瓦表法"测不对称电阻负载（可用白炽灯箱）。

(3) 用"二瓦表法"测对称电感性（或电容性）负载。

2. 测量对称三相星形或三角形负载的无功功率

(1) 利用一只功率表测量对称三相负载（电感性或电容性）的无功功率。

(2) 应用"二瓦表法"测量对称三相负载（电感性或电容性）的无功功率。

（1）注意三相调压器的正确接线，调压器的中点一定要与电源的中性线相连接。

（2）功率表应与电流表、电压表同时使用，用电流表和电压表监护功率表正常工作，以免烧坏功率表。

实 验 报 告

实验名称 _____三 相 电 路 功 率 的 测 量_____

班　　级 _____ 姓 名 _____ 学 号 _____

同组姓名 _____

实验日期 _____ 审阅教师 _____

一、实验目的

二、实验步骤（简要叙述）、结果及分析

步骤 1：

表 1 - 7 - 1 测 有 功 功 率

参数 负载情况	P_1	P_2	ΣP	U_A	U_B	U_C	I_A	I_B	I_C
一瓦表									
二瓦表 （对称）									
二瓦表 （不对称）									
二瓦表 （容性）									

步骤 2：

表 1 - 7 - 2 测对称负载的无功功率

参数 负载情况	P_1	P_2	Q	U_A	U_B	U_C	I_A	I_B	I_C
一瓦表 （容性）									
二瓦表 （容性）									

三、思考题

1. 为什么用"二瓦表法"可以测量三相三线制电路中负载所消耗的功率？试解释其中一只功率表可能反向偏转或读数为零的原因。

2. 画出应用"二瓦表法"测量对称三相负载的有功功率，当一只功率表出现负值时的相量图。

3. 证明在对称三相电路中，负载的无功功率可由两只功率表的读数求得，即 $Q=\sqrt{3}\ (P_1-P_2)$。

1.8　一阶电路的响应

一、实验目的
(1) 学习用示波器观察和分析一阶电路的响应。
(2) 研究 RC 电路在零输入、阶跃激励情况下，响应的基本规律和特点。
(3) 研究 RC 电路和 RL 电路在方波激励情况下，响应的基本规律和特点。

二、实验仪器
(1) 综合实验台
(2) 示波器　　　　　　　　1 台
(3) 直流稳压源　　　　　　1 台
(4) 函数信号发生器　　　　1 台
(5) 电阻箱　　　　　　　　2 只
(6) 电容箱　　　　　　　　1 只
(7) 电感线圈　　　　　　　1 个

三、预习要求
(1) 了解示波器和函数信号发生器的使用方法。
(2) 复习一阶电路过渡过程的规律和特点。

四、实验原理
含有电感、电容（储能）元件的电路，其响应可由微分方程求得。当所得到的电路方程为一阶微分方程时，相应的电路称为一阶电路。一阶电路通常由一个储能元件、若干电阻和电源组成。

1. 零输入响应

电路在无外施激励的情况下，由储能元件的初始状态引起的响应，称为零输入响应。如图 1 - 8 - 1 所示的一阶电路，当开关 S 置于位置 1 时（电路已处于稳态），$u_C(0_-) = U_S = U_0$。将开关 S 转到位置 2 时，电容上的初始电压 $u_C(0_-)$ 经 R 放电。由方程

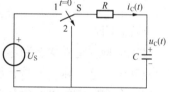

图 1 - 8 - 1　零输入响应电路

$$\begin{cases} u_C(t) = u_C(0_-)\mathrm{e}^{-\frac{t}{\tau}}, \; t \geqslant 0 \\ u_C(0_-) = U_0 \end{cases}$$

可以得出电容上的电压和电流随时间变化的规律为

$$\begin{cases} u_C(t) = u_C(0_-)\mathrm{e}^{-\frac{t}{\tau}}, \; t \geqslant 0 \\ i_C(t) = -\dfrac{u_C(0_-)}{R}\mathrm{e}^{-\frac{t}{\tau}}, \; t > 0 \end{cases}$$

上式表明，零输入响应与初始状态成正比。式中 $\tau = RC$ 具有时间的量纲，称为时间常数。它是反映电路过渡过程时间长短的物理量。τ 越大，暂态响应持续的时间越长，即过渡过程的时间越长；τ 越小，过渡过程的时间越短。

2. 零状态响应（阶跃激励）

电路在所有储能元件初始状态为零的情况下，由外施激励引起的响应，称为零状态响

应。如图 1-8-1 所示的一阶电路，当开关 S 置于位置 2 时（电路已处于稳态），$u_C(0_-)=0$，$t=0$ 时开关 S 由位置 2 转到位置 1 时，直流电源经 R 向 C 充电。由方程

$$\begin{cases} u_C(t)+RC\dfrac{\mathrm{d}u_C(t)}{\mathrm{d}t}=U_s, \ t\geqslant 0 \\ u_C(0_-)=0 \end{cases}$$

可以得出电容上的电压和电流随时间变化的规律为

$$\begin{cases} u_C(t)=U_s(1-e^{-\frac{t}{\tau}}), \ t\geqslant 0 \\ i_C(t)=\dfrac{U_s}{R}e^{-\frac{t}{\tau}}, \ t>0 \end{cases}$$

上式表明，零状态响应与外施激励成正比。

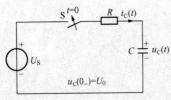

图 1-8-2　零状态响应电路

3. 全响应

电路在外施激励和初始状态共同作用下所引起的响应，称为全响应。如图 1-8-2 所示的电路，$t=0$ 时合上开关 S，其电路方程为

$$\begin{cases} u_C(t)+RC\dfrac{\mathrm{d}u_C(t)}{\mathrm{d}t}=U_s, \ t\geqslant 0 \\ u_C(0_-)=U_0 \end{cases}$$

可以得出全响应

$$u_C(t)=\underbrace{U_s(1-e^{-\frac{t}{\tau}})}_{\text{零状态响应}}+\underbrace{u_C(0_-)e^{-\frac{t}{\tau}}}_{\text{零输入响应}}=\underbrace{[u_C(0_-)-U_s]e^{-\frac{t}{\tau}}}_{\text{自由分量}}+\underbrace{U_s}_{\text{强制分量}}$$

$$i_C(t)=\underbrace{\dfrac{U_s}{R}e^{-\frac{t}{\tau}}}_{\text{零状态响应}}-\underbrace{\dfrac{u_C(0_-)}{R}e^{-\frac{t}{\tau}}}_{\text{零输入响应}}=\underbrace{\dfrac{U_s-u_C(0_-)}{R}e^{-\frac{t}{\tau}}}_{\text{自由分量}}+\underbrace{0}_{\text{强制分量}}$$

上式表明：

（1）全响应是零状态和零输入响应之和，它体现了线性电路的可加性（若把初始状态看成等效激励，这实际上就是叠加定理在动态电路中的具体形式）。

（2）全响应也可以看成是自由分量和强制分量之和，自由分量的起始值与初始状态和外施激励有关，而随时间的变化规律仅仅取决于电路的 R、C 参数。强制分量的变化规律仅与外施激励有关（与外施激励的变化规律相同）。当 $t\to\infty$ 时，自由分量趋于零，过渡过程结束，电路进入稳态。实际上经过 $3\sim5\tau$ 的时间，响应的自由分量已衰减到可以忽略不计的程度，认为过渡过程已基本结束。

对于零输入响应、零状态响应（阶跃激励）和全响应的一次过程，$u_C(t)$ 和 $i_C(t)$ 的波形可以用长余辉示波器直接显示出来。示波器工作在慢扫描状态，输入信号接在示波器的直流输入端。

4. RC 电路和 RL 电路的方波响应（方波的周期为 $2T$）

（1）$T\gg\tau$，电路中的过渡过程可以认为是零状态响应和零输入响应交替出现的过程。对 RC 电路，方波的前沿相当于给电路加一阶跃激励，给电容充电，其响应是零状态响应。在第一个半周末（$t=T$），可以认为电容电压已上升到 U_s，充电完毕。方波后沿相当于电源短接，电容从初始值 $u_C(T_-)=U_s$ 开始放电，其响应是零输入响应。在第一个周末（$t=2T$），可以认为电容电压已下降到零，放电完毕。以后不断地重复上述过程，各周期的过程

彼此无关。电容电压和电流的表达式为

$$u_C(t) = \begin{cases} U_S(1-e^{\frac{t-2KT}{t}}), & 2KT \leqslant t \leqslant (2KT+1)T \\ U_S e^{\frac{t-(2K+1)T}{t}}, & 2KT \leqslant t \leqslant (2KT+1)T \end{cases}$$

$$i_C(t) = \begin{cases} \dfrac{U_S}{R}(1-e^{\frac{t-2KT}{t}}), & 2KT \leqslant t \leqslant (2KT+1)T \\ -\dfrac{U_S}{R} \cdot e^{\frac{t-(2K+1)T}{t}}, & 2KT \leqslant t \leqslant (2KT+1)T \end{cases}$$

式中：$K=0$, 1, 2, $\cdots$；U_S 为方波峰值；T 为方波半周期；$\tau = RC$。

RL 电路的方波响应与 RC 电路类似，电感电流和电感电压的表达式为

$$i_L(t) = \begin{cases} \dfrac{U_S}{R+r}(1-e^{\frac{t-2KT}{t}}), & 2KT \leqslant t \leqslant (2KT+1)T \\ \dfrac{U_S}{R+r} \cdot e^{\frac{t-(2K+1)T}{t}}, & 2KT \leqslant t \leqslant (2KT+1)T \end{cases}$$

$$u_L(t) = \begin{cases} \dfrac{U_S}{R+r}(r+Re^{\frac{t-2KT}{t}}), & 2KT \leqslant t \leqslant (2KT+1)T \\ -\dfrac{RU_S}{R+r} \cdot e^{\frac{t-(2K+1)T}{t}}, & 2KT \leqslant t \leqslant (2KT+1)T \end{cases}$$

式中：$K=0$, 1, 2, $\cdots$；r 为电感线圈的电阻；$\tau = L/(R+r)$。

（2）不满足 $T \gg \tau$ 的条件时，电路中的过渡过程比较复杂。对 RC 电路，在 $t=0$ 时，电容开始充电，电容电压从零值开始"奔"向稳态值 U_S；由于不满足 $T \gg \tau$ 的条件，到 $t=T$ 时，充电过程尚未结束，输入变为零，转为放电过程；到 $t=2T$ 时，电容电压还未下降到零，即放电过程尚未结束，输入又变为 U_S，所以电容又开始充电，但这次充电 $u_C(t)$ 的初始值已不是零，充电的起点提高了；到 $t=3T$ 时，充电过程尚未结束，输入又变为零，所以电容又开始放电，但这次放电的初始值提高了。在最初的每个充、放电周期内，每一轮充电的初值与稳态值 U_S 之间的差值（即充电幅度），比随后放电的初值与稳态值（即零）之间的差值（即放电幅度）要大些；由于充、放电的时间常数相同，因此，在同样的时间 T 内，充电时电压的上升值要比放电时电压的下降值大些，也就是说，在每一轮充、放电过程中，总是"充得多放得少"。随着每一轮充电的初始值和放电初始值的逐步增加，充电幅度逐渐减小，放电幅度逐渐增加，因而若干周期后，充电幅度和随后的放电幅度实际上很接近，使得充电时电压的上升值等于放电时电压的下降值，充电时的初始电压和放电时的初始电压就都稳定在一定的数值上，电路进入"稳定过程"。这里所说的"稳定过程"是就 $u_C(t)$ 变化过程的总体来说的，在每一局部阶段（如 $0 \sim 2T$, $2 \sim 4T$, $\cdots$），$u_C(t)$ 仍处于周期性的充、放电过程之中（周期为 $2T$）。

五、实验内容

1. 研究 RC 电路的零输入响应和阶跃响应

实验电路如图 1-8-3 所示。U_S 为直流电压源，r 为电流取样电阻。开关 S 首先置于位置 2，当电容电压为零后，开关 S 由位置 2 转到位置 1，即可用示波器观察到阶跃响应的波形；电路达到稳态后，开关 S 再由位置 1 转到位置 2，即可观察到零输入响应的波形。改变 R 或 C 的数值

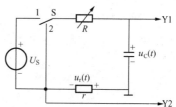

图 1-8-3　RC 电路零输入响应和
阶跃响应实验电路图

[改变 $\tau = (R+r)C$]，观察并记录零输入响应和阶跃响应的波形。$u_C(t)$ 接到 Y1 输入端，$i_C(t)$ 接到 Y2 输入端。

2. 研究 RC、RL 电路的方波响应

(1) RC 电路。实验电路如图 1-8-4 所示。方波信号发生器产生周期为 $2T$ 的信号电压。改变 R 或 C 的数值 [$\tau = (R+r)C$]，观察并记录暂态过程阶段和稳态过程阶段 $u_C(t)$ 和 $i_C(t)$ 的波形。

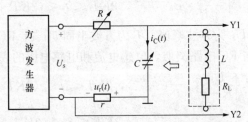

图 1-8-4　RC、RL 电路的方波响应实验电路图

(2) RL 电路。用一个电感线圈代替图 1-8-4 中的电容，改变 R 的数值 [$\tau = L/(R+R_L+r)$]，观察并记录暂态过程阶段和稳态过程阶段的 $i_L(t)$ 和电感线圈的电压 $u_L(t)$。根据波形测量出时间常数 τ。

　　　　由于示波器和方波信号发生器的公共地线必须接在一起，实验中方波响应、零输入响应和阶跃响应的电流取样电阻 r 的接地端不同，在观察和记录电流响应的波形时，注意分析电流的实际方向。

实 验 报 告

实验名称   一 阶 电 路 的 响 应

班   级 _____ 姓 名 _____ 学 号 _____

同组姓名 _____

实验日期 _____ 审阅教师 _____

一、实验目的

二、实验步骤（简要叙述）、结果及分析

步骤 1：

绘出 RC 电路零输入响应和阶跃响应的波形。

步骤 2：

1. 绘出 RC 电路的方波响应。

2. 绘出 RL 电路的方波响应。

三、思考题

1. 当电容具有初始电压时，RC 电路在阶跃激励下是否会出现没有暂态的现象，为什么？

2. 如何理解方波激励下的稳态过程阶段？方波激励对于研究一阶电路的响应有哪些方便之处？

3. 如何用实验方法证明全响应是零状态响应和零输入响应之和？

1.9 二阶电路的响应

一、实验目的

(1) 观察二阶电路的过阻尼、欠阻尼和临界阻尼三种情况的响应波形。

(2) 研究二阶电路的参数与响应的关系。

二、实验仪器

(1) 综合实验台

(2) 示波器　　　　　　1 台

(3) 方波信号发生器　　1 台

三、预习要求

(1) 复习二阶电路内容。

(2) 了解示波器和方波信号发生器的使用方法。

(3) 对实验结果进行估计，并事先画出过阻尼、临界阻尼和欠阻尼状态下的 $u_C(t)$、$i_L(t)$ 波形示意图，以便在实验中及时发现问题。

四、实验原理

(1) 描述含有两个独立储能元件电路特性的方程为二阶微分方程，故称这种电路为二阶电路。典型的二阶电路为如图 1-9-1 所示的 RLC 串联电路，可用下述线性定常系数二阶非齐次微分方程来描述。

$$LC \frac{\mathrm{d}^2 u_C}{\mathrm{d}t} + RC \frac{\mathrm{d}u_C}{\mathrm{d}t} + u_C = u_s(t) \qquad (t \geqslant 0)$$

$$u_C(0_-) = U_0$$

$$\left. \frac{\mathrm{d}u_C}{\mathrm{d}t} \right|_{t=0_-} = \frac{i_L(0_-)}{C} = \frac{I_0}{C}$$

由此可解得 $u_C(t)$，$i_L(t) = i_C(t) = C \dfrac{\mathrm{d}u_C}{\mathrm{d}t}$。

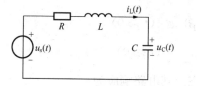
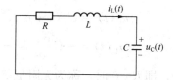

图 1-9-1　RLC 串联电路　　　　图 1-9-2　电容 C 对电阻 R 和电感 L 放电电路

为了便于分析其解，只以电容 C 对电阻 R 和电感 L 放电为例，进行具体分析，电路如图 1-9-2 所示，其对应的二阶微分方程为线性常系数二阶齐次方程。

$$LC \frac{\mathrm{d}^2 u_C}{\mathrm{d}t} + RC \frac{\mathrm{d}u_C}{\mathrm{d}t} + u_C = 0 \qquad (t \geqslant 0)$$

设 $u_C(0_-) = U_0$，$i_L(0_-) = 0$，该微分方程的通解为

$$u_C(t) = A_1 \mathrm{e}^{P_1 t} - A_2 \mathrm{e}^{P_2 t} \qquad (t \geqslant 0)$$

式中：A_1、A_2 是由初始条件确定的常数，P_1、P_2 是微分方程的特征方程的根，且有

$$P_{1,2} = -\frac{R}{2L} \pm \sqrt{\left(\frac{R}{2L}\right)^2 - \frac{1}{LC}}$$

令　$\dfrac{R}{2L} = \delta$（称为衰减系数）

　　　$\dfrac{1}{\sqrt{LC}} = \omega_0$（称为自然振荡角频率）

　　　$\left(\dfrac{1}{\sqrt{LC}}\right)^2 - \left(\dfrac{R}{2L}\right)^2 = \omega_0^2 - \delta^2 = \omega^2$（$\omega$ 称为振荡角频率）

则　　　　　　　　　　　　　　$P_{1,2} = -\delta \pm \sqrt{\delta^2 - \omega_0^2}$

或者　　　　　　　　　　　　　$P_{1,2} = -\delta \pm j\omega$

　　显然，电路响应与电路参数有关，当电路参数为不同值时，电路响应将呈现以下几种情况。

　　1）当 $\delta > \omega_0$，即 $R > 2\sqrt{\dfrac{L}{C}}$ 时（特征根为两个不等的负实根），称为过阻尼非振荡状态。其电路响应为

$$u_C(t) = \frac{U_0}{P_2 - P_1}(P_2 e^{P_1 t} - P_1 e^{P_2 t}) \qquad (t \geqslant 0)$$

$$i_L(t) = -C\frac{du_C}{dt} = -\frac{U_0}{L(P_2 - P_1)}(e^{P_1 t} - e^{P_2 t}) \qquad (t \geqslant 0)$$

　　2）当 $\delta = \omega_0$，即 $R = 2\sqrt{\dfrac{L}{C}}$ 时（特征根为两个相等的负实根），称为临界阻尼非振荡状态。其电路响应为

$$u_C(t) = U_0(1 + \delta t)e^{-\delta t} \qquad (t \geqslant 0)$$

$$i_L(t) = -C\frac{du_C}{dt} = -\frac{U_0}{R}e^{-\delta t} \qquad (t \geqslant 0)$$

　　3）当 $\delta < \omega_0$，即 $R < 2\sqrt{\dfrac{L}{C}}$ 时（特征根为一对共轭复根），称为欠阻尼非振荡状态。其电路响应为

$$u_C(t) = U_0(1 + \delta t)e^{-\delta t}\sin(\omega t + \beta) \qquad (t \geqslant 0)$$

$$i_L(t) = -C\frac{du_C}{dt} = -\frac{U_0}{R}e^{-\delta t}\sin\omega t \qquad (t \geqslant 0)$$

　　4）当 $\delta = 0$，即 $R = 0$ 时，称为无阻尼等幅振荡状态。其电路响应为

$$u_C(t) = U_0\sin(\omega_0 t + \beta) \qquad (t \geqslant 0)$$

$$i_L(t) = \frac{U_0}{\omega_0 L}\sin(\omega_0 t + \pi) \qquad (t \geqslant 0)$$

　　5）当 $\delta < 0$，即 $R < 0$ 时，称为负阻尼发散振荡状态。一般在线性电路中，总是存在着电阻，对于 $R = 0$ 和 $R < 0$ 的两种情况，可用接入负电阻的方法来实现。

　　（2）振荡角频率 ω 和衰减系数 δ 的实验测量方法。当 $R < 2\sqrt{\dfrac{L}{C}}$ 时，将 $u_C(t)$ 或 $i_L(t)$ 输入到示波器，在荧光屏上便显示出电压或电流的波形，如图 1-9-3 所示。在荧光屏上测出振荡周期 T_d、电压 U_{cm1} 和 U_{cm2} 的数值，便可计算出 ω 和 δ。

其中 $\omega = 2\pi/T_{\mathrm{d}}$，由于

$$\frac{U_{\mathrm{cm1}}}{U_{\mathrm{cm2}}} = \mathrm{e}^{-\delta(t_1-t_2)} = \mathrm{e}^{\delta(t_2-t_1)} = \mathrm{e}^{\delta T_{\mathrm{d}}}$$

故得

$$\delta = \frac{1}{T_{\mathrm{d}}} \ln \frac{U_{\mathrm{cm1}}}{U_{\mathrm{cm2}}}$$

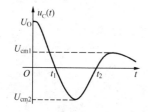

图 1-9-3 电压 $u_{\mathrm{C}}(t)$ 的波形

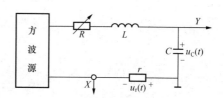

图 1-9-4 RLC 串联电路响应实验电路

五、实验内容

（1）利用示波器观察 RLC 串联电路响应（零输入响应和零状态响应）$u_{\mathrm{C}}(t)$、$i_{\mathrm{L}}(t)$ 的波形。实验电路按照图 1-9-4 连接，调节电阻 R，记录不同参数时电路响应的波形。

（2）测量电路在衰减振荡情况下的振荡周期 T_{d} 和电压 U_{cm1}、U_{cm2} 的数值，计算该工作状态下的振荡角频率 ω 和衰减系数 δ，并与电路实际参数相比较。

实 验 报 告

实验名称 ＿＿＿＿＿＿ 二 阶 电 路 的 响 应 ＿＿＿＿＿＿

班　　级 ＿＿＿＿＿＿ **姓 名** ＿＿＿＿＿＿ **学 号** ＿＿＿＿＿

同组姓名 ＿＿＿＿＿＿＿＿＿＿＿＿＿＿＿＿＿＿＿

实验日期 ＿＿＿＿＿＿＿＿ **审阅教师** ＿＿＿＿＿＿＿＿

一、实验目的

二、实验步骤（简要叙述）、结果及分析

步骤 1：

记录 RLC 串联电路不同参数时电路响应的波形。

步骤 2：

$T_d =$

$U_{cm1} =$

$U_{cm2} =$

振荡角频率 $\omega =$

衰减系数 $\delta =$

三、思考题

1. RLC 串联电路的总电阻在实验中应包括哪些元件的电阻？

2. 当 RLC 串联电路处于过阻尼情况时，若再增加电阻，对动态过程有何影响？当该电路处于欠阻尼情况时，若再减小电阻，对动态过程又有何影响？电路在哪一种情况下达到稳定状态的时间最短？

1.10　非正弦周期电流电路

一、实验目的

（1）加深对非正弦电压有效值与各次谐波有效值之间关系的理解。

（2）观察非正弦周期电流电路中，电感和电容对电流波形的影响。

二、实验仪器

（1）综合实验台

（2）示波器　　　　　　　　1 台

（3）交流电压表　　　　　　1 只

（4）频率三倍器　　　　　　1 台

（5）电感线圈（带铁芯）　　1 只

（6）电容箱　　　　　　　　1 只

（7）滑线变阻器　　　　　　1 只

三、预习要求

预习有关波形合成及滤波器的知识。

四、实验原理

在计算非正弦周期电流电路中的电压和电流时，常用傅立叶级数将激励电压和电流展开成一系列谐波分量，然后计算之。

非正弦周期电压和电流的有效值可以分别写为

$$U^2 = U_0^2 + U_1^2 + U_2^2 + \cdots$$
$$I^2 = I_0^2 + I_1^2 + I_2^2 + \cdots$$

上式中 U_0、I_0 分别是电压、电流的直流分量，U_1、$U_2 \cdots$ 和 I_1、$I_2 \cdots$ 等分别代表电压、电流一系列分量的有效值。

用三个单相变压器按图 1-10-1 连接后，当 A、B、C 端钮接到三相电源上时，在 a、b 两端出现的电压将主要是三次谐波电压，通常这种电路叫做频率三倍器。

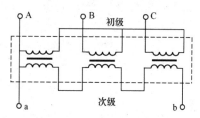

图 1-10-1　频率三倍器原理图

在非正弦周期电路中，若接入电感元件，则能抑制高次谐波电流；若接入容性元件，则能减弱基波和低次谐波。因为感抗与频率成正比，而容抗与频率成反比。

一般在三相电力系统中尽量避免出现高次谐波。因为高次谐波对电动机的运转有不利影响，音频范围内的谐波对通信系统会有干扰作用。消除高次谐波的影响通常要借助滤波器。

五、实验内容

（1）按图 1-10-2 所示接线，调节调压器使其输出电压为 50V，用示波器观察并记录 u_1、u_3 和 u 的波形，然后用电压表测量 u_1、u_3 和 u 的值。

将调压器的输出电压 u_1 升高到 100V，重复上述内容，并将数据记录于表 1-10-1。

（2）断开 a、d 间连线，将端钮 b 换接到端钮 d，重复内容（1），并将数据记录于表 1-10-2 中。

（3）在图 1-10-2 中的 c 与 b 两端间按图 1-10-3 所示接入电阻和电感线圈相串联的支路，然后用示波器观察 c、b 两端的电压波形及流过此支路的电流波形。将图 1-10-3 中的电感线圈用一电容器替换，再观察电压和电流的波形，并记录。

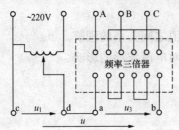

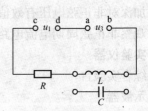

图 1-10-2　非正弦周期电流电路实验接线图　　　　图 1-10-3　图 1-10-2 外接支路

（1）连接实验线路时必须注意变压器极性。
（2）要根据被测的电量，合理地选择测量仪表的类型。

实 验 报 告

实验名称 <u>非 正 弦 周 期 电 流 电 路</u>

班 级 <u>   </u> **姓 名** <u>   </u> **学 号** <u>   </u>

同组姓名 <u>   </u>

实验日期 <u>   </u> **审阅教师** <u>   </u>

一、实验目的

二、实验步骤（简要叙述）、结果及分析

步骤 1：

表 1 - 10 - 1   实验内容 1 数据   绘出 u_1、u_3 和 u 的波形

u_1	u_3	u
50V		
100V		

步骤 2：

表 1 - 10 - 2   实验内容 2 数据   绘出 u_1、u_3 和 u 的波形

u_1	u_3	u
50V		
100V		

步骤3：

绘出电压、电流波形。

三、思考题

1. 画出基波和三次谐波在以下情况的合成波形。

(1) 基波初相 $\varphi_1 = 0$，三次谐波初相 $\varphi_3 = 0$。

(2) 基波初相 $\varphi_1 \neq 0$，三次谐波初相 $\varphi_3 = 0$。

2. 测量非正弦电压、电流时选择什么类型的仪表较好？

第2部分 电 机 实 验

2.0 电机教学实验台简介

MEL－Ⅰ型电机系统教学实验台总体外观结构如图2-0-1所示。图中序号⑤为涡流测功机及其导轨，序号⑥为安装在电机工作台上的被试电机。被试电机可以根据不同的实验内容进行更换。为了满足实验时机组安装方便和快速的要求，实验台的各类电机均设计成中心高相同。同时，各电机的底脚采用了与普通电机不同的特殊结构形式。在机组安装时，将各电机之间通过联轴器同轴连接，被试电机的底脚安放在电机工作台的导轨上，只要旋紧两只底脚螺钉，不需要做任何调整，就能准确保证各电机之间的同心度，达到快速安装的目的。当测量被试电动机输出转矩时，可以从序号④的测功机力矩显示窗中直接读取。被试电机的转速是通过与测功机同轴连接的直流测速发电机来测量的。转速高低可以从图2-0-4所示的转速表直接读取。

图2-0-1 电机系统教学实验台总体外观

序号①为仪表屏，根据用户的需要配置指针式和数字式表。序号②为电源控制屏，通过调压器输出单相或三相连续可调的交流电源。序号③为实验桌，内可放置各种组件及电机，桌面上放置测功机及导轨。序号⑦为实验所需的仪表、可调电阻器、可调电抗器和开关箱等组件。这些组件在实验台上可任意移动，组件内容可以根据实验要求进行搭配。

一、电源控制屏

电源控制屏面板如图2-0-2所示，图中各部件的序号为：

① 钮子开关。当开关拨向"电网电压"时，三相电压指示为电网输入到主控制屏的三

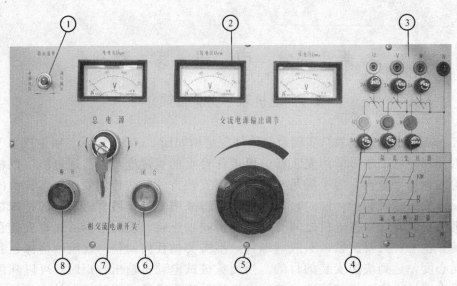

图 2 - 0 - 2　电源控制屏

相电压值；当开关拨向"调压输出"时，电压表指示三相输出可变电压值。

　　② 电压表。可指示实验台输入的电压和交流电源输出的线电压，通过指针表旁边的开关切换。

　　③ 三相主电源 U、V、W 输出。

　　④ 熔断器。3 只 3A 的熔断器分别是 U、V、W 三相电源输出的熔断器，进行电源的短路保护，一旦电网电压对称输入，而电源输出不对称，则有可能烧毁熔丝。

　　⑤ 调压器。三相调压器的容量为 1.5kVA，线电压 0～430V 连续可调，为了保证实验者的安全，电网与三相调压器之间接有隔离变压器或漏电保护器。三相调压器可调节单相或三相电压输出。当沿逆时针旋到底时输出电压最小，改变旋钮位置，即可调节输出交流电源电压的大小。

　　⑥ 主电源控制开关。当按下此开关时，红灯灭绿灯亮，主电路接触器闭合，U、V、W 输出交流电。

　　⑦ 电源钥匙开关。当钥匙开关转向"开"的位置时，红色按钮指示灯亮，电源控制屏接通电网。

　　⑧ 交流电源断开开关。按下此按钮开关时，绿灯灭红灯亮，表明三相交流电源 U、V、W 无电压输出。

二、测功机组件

测功机组件含 MEL－13 和电机导轨及测功机两部分，主要完成以下四个功能：

（1）对电机进行加载；

（2）测量电机的转矩；

（3）测量电机的转速；

（4）对异步电动机进行 M－S 曲线测绘。

1. 涡流测功机

涡流测功机如图 2 - 0 - 1 中的序号⑤所示。实心圆盘与它的转轴由被试电动机驱动，磁极、励磁绕组、指针和转轴为一个整体，可以对机座支架左右偏转。当励磁绕组通过直流电流后，磁极产生的磁通经气隙、钢盘、气隙回到相邻的磁极而闭合。被试电动机带动钢盘旋转切割磁力线，在钢盘中产生涡流，此涡流与磁场相互作用产生电磁转矩（制动转矩），则磁极将受到与此制动转矩大小相等方向相反的电磁转矩，使磁极顺电动机旋转方向偏转一角度，并与平衡钟随之偏转而产生的转矩相平衡，于是指针在刻度盘上指示转矩值，改变励磁电流，即可改变制动转矩，而被试电动机负载也随之改变。

涡流测功机结构简单、调节方便、运行稳定，但涡流损耗产生热量的一部分被钢盘及轴承吸收，将使钢盘、轴承等温度升高。因此，涡流测功机运行时要采取散热措施。此外，当转速很小时制动转矩很小，所以涡流测功机不能测量低速电动机转矩和电动机的堵转矩。

2. 加载及转矩测量

测功机是一台定、转子均可转动的异步电机，它既可以作为异步电动机运行，也可以作为测功机用。作为测功机时，定子绕组施加直流电压产生恒定磁场，当被试电动机拖动异步电动机旋转时，转子将产生制动性质的电磁转矩，异步电动机处于制动状态。若在异步电动机定子上配备测力装置，即可测得被试电动机输出转矩，该测功机的优点是无电刷及不需要外接电阻负载。当改变施加在测功机上的直流励磁电压时，电磁转矩就随着变化，即被试电动机的负载大小就发生改变。在测功机的下部安装一电阻应变式压力传感器，根据压力传感器输出力的大小即可得出力矩值。

3. 转速的测量

转速的测量可采用永磁直流测速发电机和光电编码器。测速发电机的优点是信号处理简单，但存在安装不方便，线性度、对称性较大的缺陷。本组件采用光电码盘，即在测功机的转轴上安装一光栅，两边各有一发射管和接收管，根据接收管收到的脉冲周期用单片机进行处理，即可测得转速。它具有和转轴无机械接触、安装方便、读数精度高等优点。

4. 导轨

导轨的作用是安装电机。为了满足实验时机组安装方便和快速的要求，被试电机均设计成中心高相同。电机的底脚采用了与普通电机不同的特殊结构形式。在机组安装时，各电机之间通过联轴器同轴连接，被试电机的底脚安放在电机导轨上，只要旋紧两只底脚螺钉，不需做调整，就能准确保证各电机之间的同心度，达到快速安装的目的。

5. M—S 曲线测绘

电机的 M—S 曲线测绘是指电机转速从 0 到额定转速时，转矩和转速的曲线关系。由于交流电机存在不稳定区域，因而在转速开环情况下，当负载增大到超过最大转矩时，电机转速迅速下降，无法读出转速值。此时，必须利用转速反馈，根据转速的高低动态地调整加载的转矩，使电机能够在任何一个转速条件下稳定运行。

6. 转速转矩测量的说明

转速转矩测量面板 MEL—13 如图 2-0-3 所示。图中各部件按序号介绍如下。

① 转速表。电机系统教学实验台转速的测量是采用光电码盘，用单片机进行处理，计

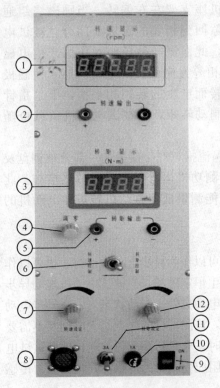

图 2-0-3　测功机转速转矩测量面板图

算脉冲的宽度，即可测得转速。

② 转速模拟量输出。将脉冲信号经过 D/A 转换，再进行滤波输出，幅值为 0～±10V。

③ 转矩显示。测功机进行加载时，测功机的定子将反向偏转一角度，通过电阻应变式压力传感器测出力的大小，进行换算后，可显示转矩大小。

④ 转矩调零电位器。

⑤ 转矩模拟量输出。

⑥ "转矩控制"、"转速控制"选择开关。

⑦ "转速设定"电位器，可对电机转速进行控制，顺时针转到底时，转速最高。

⑧ 航空插座。与测功机相连，提供测功机所需的励磁电流及转速、转矩反馈信号。

⑨ 电源控制船形开关。

⑩ 熔断器。

⑪ 突加突减负载开关。当开关往下扳时，电机处于空载状态；当开关往上扳时，负载的大小由"转矩设定"电位器和"转速设定"电位器进行控制。

⑫ "转矩设定"电位器。

目前，实验台上加载主要采用以下两种方式。

(1) 自耦调压器的输出电压经过整流向测功机励磁绕组提供电流。通过改变自耦调压器的输出电压，也就改变了测功机的励磁电流，从而改变输出转矩。

(2) 采用电流源控制。采用电流源控制后，易于实现转速的闭环调节，即使在电机转速的不稳定区域也能保持电机转速稳定，从而测出电机的 M～S 曲线，存在的缺点是对异步电动机而言，存在较大的加载死区。操作方法为：将电机导轨及测功机的信号线通过一塑料软管与 MEL－13 相连，MEL－13 挂件的电源和交流 220V 相连。

1) 将 MEL－13 的"转矩控制"、"转速控制"选择开关打向"转矩控制"，启动电动机，则通过调节"转矩设定"电位器，即可方便地对被试电动机进行加载试验。可分别从上下两个数显窗中读出转速和转矩值。逆时针旋到底，被试电动机的负载为零，顺时针转动，被试电动机负载增加。当需要测取电动机的堵转转矩时，可在测功机定子销紧孔中插入一根圆棒，将测功机定、转子销住，即可测取堵转转矩。

2) 将 MEL－13 的"转矩控制"、"转速控制"选择开关打向"转速控制"，则通过调节"转速设定"电位器，使电机可稳定地运行于任何一转速（最低转速为 300r/min 左右），从而可通过测量转矩、转速画出电机的 M～S 曲线。

三、仪表屏

仪表屏为电机实验提供需要的交流电流表、交流电压表、功率表，量程可自动也可手动选择。

所有仪表均具有过压过流、错接线路不损坏仪表等功能。

日光灯功能开关，当拨到左边时，日光灯接入 220V 交流电，用于照明；当拨到右边

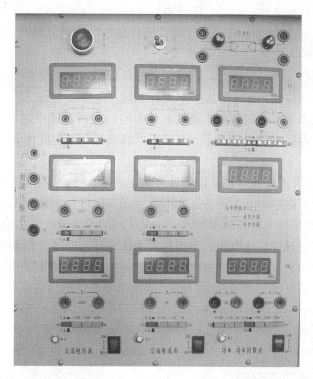

图 2-0-4　仪表面板图

时，日光灯的四个接线柱引出可用于日光灯实验。

　　　功率表接线时需注意电压线圈和电流线圈的同名端，避免接错线。

四、220V 直流稳压电源和直流电机励磁电源

实验台提供两组直流电源，分别是供直流电机励磁绕组用的直流电机励磁电源及供电枢绕组用的可调直流稳压电源，面板如图 2-0-5 和图 2-0-6 所示。

图 2-0-5 中各部件的序号分别是：①数字式直流电压表；②直流电压幅度调节电位器；③直流电源输出接线柱；④熔断器；⑤电源控制船形开关；⑥复位按钮；⑦过流指示发光二极管；⑧工作指示发光二极管；⑨直流电流表接线柱。

可调稳压电源具体技术指标为：

（1）输出电压：90V～250V 连续可调；

（2）输出电流：$I_{max}=2A$；

（3）负载调整率不大于 1V。

电源带有完善的过压、过流保护措施，以确保学生误操作时不至于损坏电源。一旦

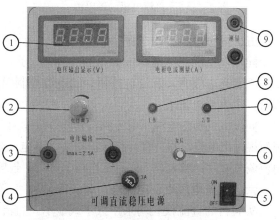

图 2-0-5　可调直流稳压电源

输出发生短路，过流保护动作，自动切断功率场效应管的脉冲信号，从而保护功率器件，只需按下复位按钮，就可重新建立电压。可调直流稳压电源的电压输出端子只能用于电压输出，不能作为测试端输入电压。

正常工作时，绿色发光二极管亮，过载后，红色告警发光二极管亮。电压调节电位器逆时针旋到底，输出电压最低不大于90V；顺时针旋转，电压逐渐提高。

可调直流稳压电源带有电压表和电流表。其中电压表内部已接好，直接指示输出电压，而电流表的输入信号根据实验内容而定，可用于本装置的电流测量显示，也可用于外接电路电流的测量显示。

图2-0-6中各部件的序号分别是：①直流毫安表接线柱；②直流励磁电源输出接线柱；③保险丝座；④电源控制船形开关；⑤工作指示发光二极管；⑥数字式直流毫安表。

220V直流电动机励磁电源提供220V～230V/0.5A的直流电源，供直流电机励磁绕组使用，其电压输出端子只能输出电压，不能作为测试端输入电压，工作时工作指示灯亮。配置的直流毫安表既可用于直流电机励磁电源的电流测量显示，也可用于外接电路电流的测量显示，用于外接时注意电流不要超过200mA。直流毫安表电源受可调直流稳压电源控制。

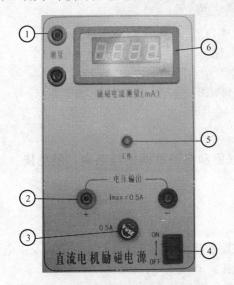

图2-0-6　直流电机励磁电源

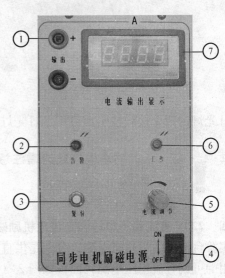

图2-0-7　同步电机励磁电源

五、同步电机励磁电源

同步电机励磁电源面板如图2-0-7所示，序号中各部件为：①励磁电源输出接线柱；②告警发光二极管；③复位按钮；④电源控制船形开关；⑤电流调节电位器；⑥工作发光二极管；⑦直流电流表。

同步电机励磁电源属电流源，其调节范围为0～2.5A，最大输出电压为24V，带三位半数显监视输出电流，并具有开路保护功能。本电流输出显示只能供本装置使用，不可用于外接。电流调节顺时针增大，工作时工作指示灯亮，告警时按下复位按钮即可正常工作。

六、直流电压表、电流表、毫安表

实验台的直流仪表均采用数字式显示，直流电压表面板如图2-0-8所示。图中序号分别为：①测量输入接线柱；②告警发光二极管；③复位按钮；④电源控制开关；⑤量程选择开关；⑥数显表头。

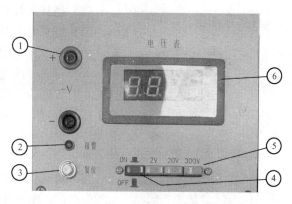

电压表量程分 2V、20V、300V
四挡。

数字式仪表显示的数值为平均值，
但由于告警电路是根据输入的最大值来
整定的，因而当输入直流脉动电压或电
流时，虽然显示未超量程，但告警线路
仍可能工作。

设有过量程保护电路，一旦输入电
压超过量程的 5%～10%，则仪表告
警，同时，告警指示发光二极管亮。当
故障排除后，按下复位按钮，仪表恢复正常工作。

图 2-0-8　直流电压表

直流电流表、毫安表的面板框图分别如图 2-0-9、图 2-0-10 所示。电流表量程分别为
2A、5A，毫安表量程分别为 2mA、20mA、200mA。

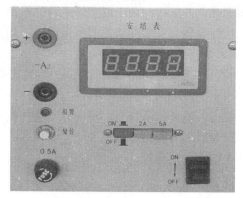

图 2-0-9　直流电流表

图 2-0-10　直流毫安表

七、三相可变电阻器

三相可变电阻分 MEL—03、MEL—04 两种，每相有两只电阻，每只电阻可调范围为
0～900Ω（或 0～90Ω），允许电流为 0.41A（或 1.3A），MEL—03 面板如图 2-0-11 所示。
两只电阻作为可变电阻使用时可有串联或并联两种连接方法。串联接法时将 A3 接线柱不
用，A1、A2 两接线柱之间电阻可调范围为 0～2×900Ω。并联接法时将 A1 与 A2 短接，
A1、A3 两接线柱之间电阻可调范围为 0～900/2Ω。

由于实验的需要，A 相两只电阻除了用做可变电阻外，还可采用电位器接法作为分压器
用。例如，他励直流电机励磁电压调节就是采用电位器接法。作为分压器时可以单只使用，
也可并联使用，固定电压施加在 A2、A4 端，而可变电压可以从 A3、A2（或 A3、A4）端
引出。

每只电阻间串有熔断器，实验时应注意电流不可超过熔断器允许的最大电流值。

八、操作步骤

1. 上电步骤

（1）合上漏电保护器。

图 2-0-11　三相可变电阻器

（2）把日光灯开关打向照明，看到日光灯会被点亮。

（3）把总电源开关打向"开"的位置，断开指示灯亮。控制屏上所有单相电源插座有交流 220V 电压输出，把"指示选择"开关打向电网电压侧，则三只指针表应有 380V 电压指示。这时，若将同步电机励磁电源的电源开关打向 ON 处，则此设备工作指示灯亮，电流输出显示为 0。将三相交流电压表、三相交流电流表的电源开关打向 ON 处，打开主控屏上所挂挂箱的电源，上面的表头在漏电的情况下会有显示或指示。

（4）将三相调压器旋钮左旋到底，按下闭合按钮，听到继电器吸合声，断开按钮指示灯灭，闭合按钮指示灯亮，将直流电机励磁电源和可调直流稳压电源的电源开关打向 ON 处，则直流电机励磁电源有 220～230V 的直流电压输出。可调直流稳压电源告警灯亮，若按下复位按钮，则电压输出显示有电压指示，当调节电压调节旋钮，则会有 90～250V 的直流电压输出。

（5）将"指示选择"开关拨向调压输出侧，顺时针调节调压器旋钮，则三只指针表将会有相同幅值的电压输出，用万用表测量，U、V、W、N 将会有相电压显示。

（6）若需做实验，可按实验指导书上所要求的内容来做。

2. 断电步骤

（1）按下断开按钮，断开指示灯亮，将所有实验挂箱及仪表电源开关打向 OFF 处，关闭日光灯。

（2）把钥匙开关打向关的位置。

（3）断开漏电保护器。

九、注意事项

（1）电动机与导轨连接时不要用力过猛，一定要连上橡皮连接头，加上固定螺丝。

（2）当电路告警或换做实验时，交流电源调节从零开始调。

2.1 三相变压器特性

一、实验目的
(1) 通过空载和短路实验，测定三相变压器的变比和参数。
(2) 通过负载实验，测取三相变压器的运行特性。

二、实验仪器
(1) MEL 系列电机教学实验台主控制屏（含交流电压表、交流电流表）。
(2) 功率及功率因数表（MEL－20 或含在主控制屏内）。
(3) 三相心式变压器（MEL－02）或单相变压器（在主控制屏的右下方）。
(4) 三相可调电阻 900Ω（MEL－03）。
(5) 波形测试及开关板（MEL－05）。
(6) 三相可调电抗器（MEL－08）。

三、预习要求
(1) 复习如何用双瓦特计法测三相功率，空载和短路实验应如何合理布置仪表。
(2) 思考三相心式变压器的三相空载电流是否对称，为什么？
(3) 复习如何测定三相变压器的铁损耗和铜损耗。
(4) 思考变压器空载和短路实验应注意哪些问题？电源应加在哪一方较合适？

四、实验原理及内容

1. 测定变比

实验接线路如图 2-1-1 所示，被试变压器选用 MEL－02 三相三绕组心式变压器，额定容量 $P_N = 152/152/152W$，$U_N = 220/63.5/55V$，$I_N = 0.4/1.38/1.6A$，Ydy 接法。实验时只用高、低压两组绕组，中压绕组不用。

(1) 在三相交流电源断电的条件下，将调压器旋钮逆时针方向旋转到底，并合理选择各仪表量程。

(2) 合上交流电源总开关，即按下绿色"闭合"开关，顺时针调节调压器旋钮，使变压器空载电压 $U_0 = 0.5U_N$，测取高、低压绕组的线电压 $U_{1U1 \cdot 1V1}$、$U_{1V1 \cdot 1W1}$、$U_{1W1 \cdot 1U1}$、$U_{3U1 \cdot 3V1}$、$U_{3V1 \cdot 3W1}$、$U_{3W1 \cdot 3U1}$，记录于表 2-1-1 中。

2. 空载实验

实验接线如图 2-1-2 所示，变压器 T 选用 MEL－02 三相心式变压器。实验时，变压器低压绕组接电源，高压绕组开路。

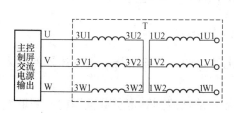

图 2-1-1 三相变压器变比实验接线图

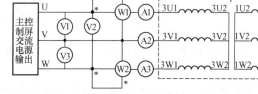

图 2-1-2 三相变压器空载实验接线图

A、V、W 分别为交流电流表、交流电压表、功率表（MEL－20）。

功率表接线时，需注意电压绕组和电流绕组的同名端，避免接错线。

（1）接通电源前，先将交流电源调到输出电压为零的位置。合上交流电源总开关，即按下绿色"闭合"开关，顺时针调节调压器旋钮，使变压器空载电压 $U_0 = 1.2U_N$。

（2）然后，逐次降低电源电压，在 $1.2 \sim 0.5U_N$ 的范围内，测取变压器的三相线电压、电流和功率，共取 $6 \sim 7$ 组数据，记录于表 2-1-2 中。其中 $U = U_N$ 的点必须测，并在该点附近测的点应密集些。

（3）测量数据以后，断开三相电源，以便为下次实验做好准备。

3. 短路实验

实验接线如图 2-1-3 所示，变压器高压绕组接电源，低压绕组直接短路。

接通电源前，将交流电压调到输出电压为零的位置，接通电源后，逐渐增大电源电压，使变

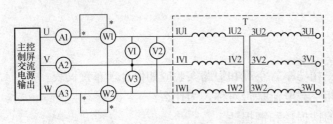

图 2-1-3 三相变压器短路实验接线图

压器的短路电流 $I_K = 1.1I_N$。然后逐次降低电源电压，在 $1.1 \sim 0.5I_N$ 内，测取变压器的三相输入电压、电流及功率，共取 $4 \sim 5$ 组数据，记录于表 2-1-3 中，其中 $I_K = I_N$ 点必测。

做短路实验时操作要快，否则线圈发热会引起电阻变化。

4. 纯电阻负载实验

实验接线如图 2-1-4 所示，变压器低压绕组接电源，高压绕组经开关 S（MEL-05）接负载电阻 R_L，R_L 选用三只 1800Ω 电阻（MEL-03 中的 900Ω 和 900Ω 相串联）。

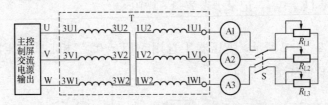

图 2-1-4 三相变压器负载实验接线图

（1）将负载电阻 R_L 调至最大，合上开关 S 接通电源，调节交流电压，使变压器的输入电压 $U_1 = U_{1N}$。

（2）在保持 $U_1 = U_{1N}$ 的条件下，逐次增加负载电流，从空载到额定负载范围内，测取变压器三相输出线电压和相电流，共取 $5 \sim 6$ 组数据，记录于表 2-1-4 中，其中 $I_2 = 0$ 和 $I_2 = I_N$ 两点必测。

实 验 报 告

实验名称 _____ 三 相 变 压 器 特 性 _____

班 级 _____ 姓 名 _____ 学 号 _____

同组姓名 _____

实验日期 _____ 审阅教师 _____

一、实验目的

二、实验步骤（简要叙述）、结果及分析

步骤 1：

表 2 - 1 - 1　　　　　　　　　测定变比实验数据表

$U(V)$		K_{UV}	$U(V)$		K_{VW}	$U(V)$		K_{WU}	$K = 1/3\ (K_{UV} + K_{VW} + K_{WU})$
$U_{1U1 \cdot 1V1}$	$U_{3U1 \cdot 3V1}$		$U_{1V1 \cdot 1W1}$	$U_{3V1 \cdot 3W1}$		$U_{1W1 \cdot 1U1}$	$U_{3W1 \cdot 3U1}$		

计算变压器的变比：根据实验数据，计算出各项的变比，然后取其平均值作为变压器的变比。

$$K_{UV} = \frac{U_{1U1.1V1}}{U_{3U1.3V1}}$$

$$K_{VW} = \frac{U_{1V1.1W1}}{U_{3V1.3U1}}$$

$$K_{WU} = \frac{U_{1W1.1U1}}{U_{3W1.3U1}}$$

步骤 2:

表 2 - 1 - 2   空 载 实 验 数 据 表

序号	实 验 数 据								计 算 数 据			
	U_0(V)			I_0(A)			P_0(W)		U_0 (V)	I_0 (A)	P_0 (W)	$\cos\varphi$
	$U_{3U1 \cdot 3V1}$	$U_{3V1 \cdot 3W1}$	$U_{3W1 \cdot 3U1}$	I_{3U10}	I_{3V10}	I_{3W10}	P_{01}	P_{02}				
1												
2												
3												
4												
5												
6												

根据空载实验数据做空载特性曲线并计算激磁参数。

(1) 绘出空载特性曲线 $U_0 = f(I_0)$，$P_0 = f(U_0)$，$\cos\varphi_0 = f(U_0)$，其中

$$U_0 = (U_{3U1 \cdot 3V1} + U_{3V1 \cdot 3W1} + U_{3W1 \cdot 3U1})/3; \qquad I_0 = (I_{3U10} + I_{3V10} + I_{3W10})$$

$$P_0 = P_{01} + P_{02}; \qquad\qquad \cos\varphi_0 = \frac{P_0}{\sqrt{3}U_0 I_0}$$

(2) 计算激磁参数。从空载特性曲线查出对应于 $U_0 = U_N$ 的 I_0 和 P_0 值，并由下式求取激磁参数。

$$r_{\mathrm{m}} = \frac{P_0}{3I_0{}^2} = \qquad\qquad Z_{\mathrm{m}} = \frac{U_0}{\sqrt{3}I_0} =$$

$$X_{\mathrm{m}} = \sqrt{Z_{\mathrm{m}}{}^2 - r_{\mathrm{m}}{}^2} =$$

步骤 3:

表 2 - 1 - 3   短 路 实 验 数 据 表

序号	实 验 数 据								计 算 数 据			
	U_K(V)			I_K(A)			P_K(W)		U_K (V)	I_K (A)	P_K (W)	$\cos\varphi_K$
	$U_{1U1 \cdot 1V1}$	$U_{1V1 \cdot 1U1}$	$U_{1W1 \cdot 1U1}$	I_{1U1}	I_{1V1}	I_{1W1}	P_{K1}	P_{K2}				
1												
2												
3												
4												
5												

1. 绘出短路特性曲线和计算短路参数。

(1) 绘出短路特性曲线 $U_K = f(I_K)$，$P_K = f(I_K)$，$\cos\varphi_K = f(I_K)$

式中 $U_K = (U_{1U1 \cdot 1V1} + U_{1V1 \cdot 1W1} + U_{1W1 \cdot 1U1})/3$； $I_K = (I_{1U1} + I_{1V1} + I_{1W1})/3$

$$P_K = P_{K1} + P_{K2}; \qquad\qquad \cos\varphi_K = \frac{P_K}{\sqrt{3}\,U_K I_K}$$

(2) 计算短路参数。

从短路特性曲线查出对应于 $I_K = I_N$ 时的 U_K 和 P_K 值，并由下式求取短路参数

$$r'_K = \frac{P_K}{3I_N^2} = \qquad\qquad Z'_K = \frac{U_K}{\sqrt{3}\,I_K} = \qquad\qquad X'_K = \sqrt{Z'^2_K - r'^2_K} =$$

换算到低压侧：

$$Z_K = \frac{Z'_K}{K^2} = \qquad\qquad\qquad r_K = \frac{r'_K}{K^2} =$$

$$X_K = \frac{X'_K}{K^2} =$$

计算出阻抗电压：

$$U_K = \frac{\sqrt{3}\,I_N Z_K}{U_N} \times 100\% =$$

$$U_{Kr} = \frac{\sqrt{3}\,I_N r_K}{U_N} \times 100\% =$$

$$U_{KX} = \frac{\sqrt{3}\,I_N X_K}{U_N} \times 100\% =$$

$I_K = I_N$ 时的短路损耗 $P_{KN} = 3I_N^2 r_K =$

2. 利用由空载和短路实验测定的参数，画出被试变压器的 "Γ" 型等效电路。

3. 计算变压器的电压变化率 ΔU。

根据实验数据绘出 $\cos\varphi_2 = 1$ 时的特性曲线 $U_2 = f(I_2)$，由特性曲线计算出 $I_2 = I_{2N}$ 的电压变化率 ΔU。

$$\Delta U = \frac{U_{20} - U_2}{U_{20}} \times 100\% =$$

根据实验求出的参数，算出 $I_2 = I_N$，$\cos\varphi_2 = 1$ 时的电压变化率 ΔU。

$$\Delta U = \beta(U_{Kr}\cos\varphi_2 + U_{Kx}\sin\varphi_2) =$$

步骤 4：

表 2 - 1 - 4　　　　　　　　　纯电阻负载实验数据表　　　　$U_{UV} = U_{1N} =$ 　V；$\cos\varphi_2 = 1$

序号	U(V)				I(A)			
	$U_{1U1 \cdot 1V1}$	$U_{1V1 \cdot 1W1}$	$U_{1W1 \cdot 1U1}$	U_2	I_{1U1}	I_{1V1}	I_{1W1}	I_2

绘出被试变压器的效率特性曲线：

（1）用间接法算出在 $\cos\varphi_2 = 0.8$ 时，不同负载电流时的变压器效率，记录于表 2 - 1 - 5中。

表 2 - 1 - 5　　　　　　　　不同负载电流时变压器效率

$\cos\varphi_2 = 0.8$，$P_0 =$ 　W，$P_{KN} =$ 　W

I_2(A)	P_2(W)	η
0.2		
0.4		
0.6		
0.8		
1.0		
1.2		

$$\eta = \left(1 - \frac{P_O + I_2^{*2} P_{KN}}{I_2^* P_N \cos\varphi_2 + P_O + I_2^{*2} P_{KN}}\right) \times 100\% =$$

式中，$P_2 = I_2^* P_N \cos\varphi_2$；$P_N$ 为变压器的额定容量；P_{KN} 为变压器 $I_K = I_N$ 时的短路损耗；P_O 为变压器 $U_O = U_N$ 时的空载损耗。

（2）计算被试变压器 $\eta = \eta_{max}$ 时的负载系数。

$$\beta_m = \sqrt{\frac{P_O}{P_{KN}}} =$$

2.2　三相变压器的联结组别及电动势波形

一、实验目的
（1）掌握用实验方法测定三相变压器的极性。
（2）掌握用实验方法判别变压器的联结组。
（3）观察三相变压器不同绕组连接法和不同铁芯结构对空载电流和电动势波形的影响。

二、实验仪器
（1）MEL 系列电机教学实验台主控制屏（含交流电压表、交流电流表）。
（2）功率及功率因数表（MEL－20 或含在主控制屏内）。
（3）三相组式变压器（MEL－01）。
（4）三相心式变压器（MEL－02）。
（5）波形测试及开关板（MEL－05）。
（6）示波器（自配）。

三、预习要求
（1）联结组的定义。为什么要研究联结组？国家规定的标准联结组有哪几种？
（2）如何把 Yy0 联结组改成 Yy6 联结组，以及把 Yd11 改为 Yd5 联结组。
（3）三相变压器绕组的连接法和磁路系统对空载电流和电动势波形的影响。

四、实验原理及内容
1. 测定极性

（1）测定相间极性。被试变压器选用 MEL－02 三相心式变压器，用其中高压和低压两组绕组，额定容量 $P_N = 152/152W$，$U_N = 220/55V$，$I_N = 0.4/1.6A$，Yy 接法。阻值大为高压绕组，用 1U1、1V1、1W1、1U2、1V2、1W2 标记；低压绕组用 3U1、3V1、3W1、3U2、3V2、3W2 标记。

1）按照图 2-2-1 接线，将 1U1、1U2 和电源 U、V 相连，1V2、1W2 两端点用导线相连。

2）合上交流电源总开关，即按下绿色"闭合"开关，顺时针调节调压器旋钮，在 U、V 间施加约 50％U_N 的电压。

3）测出电压 $U_{1V1.1V2}$、$U_{1W1.1W2}$、$U_{1V1.1W1}$，若 $U_{1V1.1W1} = |U_{1V1.1V2} - U_{1W1.1W2}|$，则首末端标记正确；若 $U_{1V1.1W1} = |U_{1V1.1V2} + U_{1W1.1W2}|$，则标记不对，须将 V、W 两相任一相绕组的首末端标记对调，然后用同样方法，将 V、W 两相中的任一相施加电压，另外两相末端相连，定出每相首、末端正确的标记。

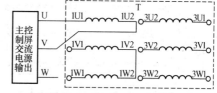

图 2-2-1　测定相间极性接线图

（2）测定一、二次侧极性。

1）暂时标出三相低压绕组的标记 3U1、3V1、3W1、3U2、3V2、3W2，然后按照图 2-2-2接线。一、二次侧中性点用导线相连。

2）高压三相绕组施加约 50％ 的额定电压，测出电压 $U_{1U1.1U2}$、$U_{1V1.1V2}$、$U_{1W1.1W2}$、

$U_{3U1.3U2}$、$U_{3V1.3V2}$、$U_{3W1.3W2}$、$U_{1U1.3U1}$、$U_{1V1.3V1}$、$U_{1W1.3W1}$。若 $U_{1U1.3U1}=U_{1U1.1U2}-U_{3U1.3U2}$，则 U 相高，低压绕组同柱，并且首端 1U1 与 3U1 点为同极性；若 $U_{1U1.3U1}=U_{1U1.1U2}+U_{3U1.3U2}$，则 1U1 与 3U1 端点为异极性。

3）用同样的方法判别出 1V1、1W1 两相一、二次侧的极性。高低压三相绕组的极性确定后，根据要求连接出不同的联结组。

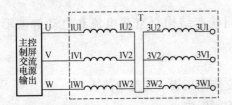 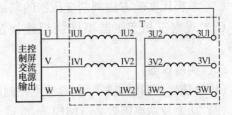

图 2-2-2　测定一、二次极性接线图　　　　图 2-2-3　Yy0 联结组接线图

2. 检验联结组

(1) Yy0 联结组。按照图 2-2-3 接线，1U1、3U1 两端点用导线联结，在高压方施加三相对称的额定电压。

测出 $U_{1U1.1V1}$、$U_{3U1.3V1}$、$U_{1V1.3V1}$、$U_{1W1.3W1}$ 及 $U_{1V1.3W1}$，将数据记录于表 2-2-2 中。

根据 Yy0 联结组的电动势相量图可得

$$U_{1V1.3V1}=U_{1W1.3W1}=(K_L-1)U_{3U1.3V1}$$

$$U_{1V1.3V1}=U_{3U1.3V1}\sqrt{(K_L^2-K_L+1)}$$

$$K_L=\frac{U_{1U1.1V1}}{U_{3U1.3V1}}$$

若用两式计算出的电压 $U_{1V1.3V1}$、$U_{1W1.3W1}$、$U_{1V1.3W1}$ 的数值与实验测取的数值相同，则表示接线图连接正确，属 Yy0 联结组。

(2) Yy6 联结组。将 Yy0 联结组的二次绕组首、末端标记对调，1U1、3U2 两点用导线相连，如图 2-2-4 所示。

按前面方法测出电压测出 $U_{1U1.1V1}$、$U_{3U1.3V1}$、$U_{1V1.3V1}$、$U_{1W1.3W1}$ 及 $U_{1V1.3W1}$，将数据记录于表 2-2-3 中。

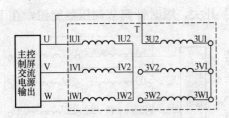 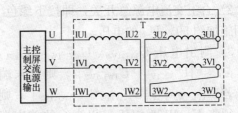

图 2-2-4　Yy6 联结组接线图　　　　图 2-2-5　Yd11 联结组接线图

根据 Yy6 联结组的电动势相量图可得

$$U_{1V1.3V1}=U_{1W1.3W1}=(K_L+1)U_{3U1.3V1}$$

$$U_{1V1.3W1}=U_{3U1.3V1}\sqrt{K_L^2-K_L+1}$$

若由上两式计算出电压 $U_{1V1.3V1}$、$U_{1W1.3W1}$、$U_{1V1.3W1}$ 的数值与实测相同，则绕组连接正确，属于 Yy6 联结组。

（3）Yd11 联结组。按图 2-2-5 接线。1U1、3U1 两端点用导线相连，高压方施加对称额定电压，测取 $U_{1U1.1V1}$、$U_{3U1.3V1}$、$U_{1V1.3V1}$、$U_{1W1.3W1}$ 及 $U_{1V1.3W1}$，将数据记录于表 2-2-4 中。

根据 Yd11 联结组的电动势相量可得

$$U_{1U1.3V1} = U_{1W1.3W1} = U_{1V1.3W1} = U_{3U1.3V1} \sqrt{K_L^2 - \sqrt{3}K_L + 1}$$

若由上式计算出的电压 $U_{1V1.3V1}$、$U_{1W1.3W1}$、$U_{1V1.3W1}$ 的数值与实测值相同，则绕组连接正确，属 Yd11 联结组。

（4）Yd5 联结组。将 Yd11 联结组的二次绕组首、末端的标记对调，如图 2-2-6 所示。

实验方法同前，测取 $U_{1U1.1V1}$、$U_{3U1.3V1}$、$U_{1V1.3V1}$、$U_{1W1.3W1}$ 及 $U_{1V1.3W1}$，将数据记录于表 2-2-5 中。

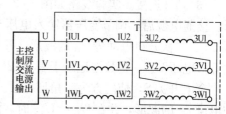

图 2-2-6　Yd5 联结组接线图

根据 Yd5 联结组的电动势相量图可得

$$U_{1V1.3V1} = U_{1W1.3W1} = U_{1V1.3W1} = U_{3U1.3V1} \sqrt{K_L^2 + \sqrt{3}K_L + 1}$$

若由上式计算出的电压 $U_{1V1.3V1}$、$U_{1W1.3W1}$、$U_{1V1.3W1}$ 的数值与实测值相同，则绕组连接正确，属于 Yd5 联结组。

3. 分别观察三相心式和组式变压器不同连接方法时的空载电流和电动势的波形

（1）Yy 连接。实验接线如图 2-2-7 所示，三相组式变压器作 Yy 连接，不带中线，把 S 打开。接通电源后，调节变压器，在输入电压为 $0.5U_N$ 和 U_N 两种情况下，通过示波器观察空载电流 i_0 及二次侧相电动势 E_φ 和线电动势 E_1 的波形。

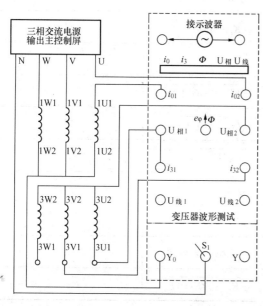

图 2-2-7　观察 Yy 和 YNy 连接三相变压器空载电流和电动势的接线图

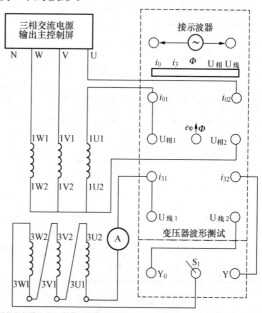

图 2-2-8　观察 Yd 连接三相变压器空载电流三次谐波和电动势波形的接线图

在变压器输入电压为额定值时，用电压表测取一次侧线电压 $U_{1U1.1V1}$ 和相电压 U_{1U1}，将数据记录于表 2-2-6 中。

(2) YNy 连接。接线与 Yy 连接相同，合上开关 S，即为 YNy 接法。重复前面实验步骤，观察 i_0、E_φ、E_1 的波形，并在 $U_1 = U_{1N}$ 时测取 $U_{1U1.1V1}$ 和 U_{1U1}，将数据记录于表 2-2-7 中。

(3) Yd 连接。实验线路如图 2-2-8 所示，开关 S 不合上，使二次绕组不构成封闭三角形。接通电源后，调节变压器输入电压至额定值，通过示波器观察一次空载电流 i_0、相电压 U_φ、二次开口电动势 U_{az} 的波形，并用电压表测取一次线电压 $U_{1U1.1V1}$、相电压 U_{1U1} 及二次开口电压 U_{az}，将数据记录于表 2-2-8 中。

合上开关 S，使副方为三角形接法。重复前面实验步骤，观察 i_0、U_φ 及二次三角形回路中电流 i_{23} 的波形，并在 $U_1 = U_{1N}$ 时，测取 $U_{1U1.1V1}$、U_{1U1} 及二次三角形回路中的电流 I_{23}，将数据记录于表 2-2-9 中。

(4) 选用三相心式变压器，重复前面步骤 (1)、(2)、(3) 波形实验，将不同铁芯结构所得的结果作分析比较。

4. 附录（见表 2-2-1）

表 2-2-1　　变压器联结组校核公式（设 $U_{3U1.3V1} = 1$，$U_{1U1.1V1} = K_L U_{3U1.3V1} = K_L$）

组　别	$U_{1V1.3V1} = U_{1W1.3W1}$	$U_{1V1.3W1}$	$U_{1V1.3W1} / U_{1V1.3V1}$
12	$K_L - 1$	$\sqrt{K_L^2 - K_L + 1}$	>1
1	$\sqrt{K_L^2 - \sqrt{3}K_L + 1}$	$\sqrt{K_L^2 + 1}$	>1
2	$\sqrt{K_L^2 - K_L + 1}$	$\sqrt{K_L^2 + K_L + 1}$	>1
3	$\sqrt{K_L^2 + 1}$	$\sqrt{K_L^2 + \sqrt{3}K_L + 1}$	>1
4	$\sqrt{K_L^2 + K_L + 1}$	$K_L + 1$	>1
5	$\sqrt{K_L^2 + \sqrt{3}K_L + 1}$	$\sqrt{K_L^2 + \sqrt{3}K_L + 1}$	=1
6	$K_L + 1$	$\sqrt{K_L^2 + K_L + 1}$	<1
7	$\sqrt{K_L^2 - \sqrt{3}K_L + 1}$	$\sqrt{K_L^2 + 1}$	<1
8	$\sqrt{K_L^2 + K_L + 1}$	$\sqrt{K_L^2 - K_L + 1}$	<1
9	$\sqrt{K_L^2 + 1}$	$\sqrt{K_L^2 - \sqrt{3}K_L + 1}$	<1
10	$\sqrt{K_L^2 - K_L + 1}$	$K_L - 1$	<1
11	$\sqrt{K_L^2 - \sqrt{3}K_L + 1}$	$\sqrt{K_L^2 - \sqrt{3}K_L + 1}$	=1

实 验 报 告

实验名称 _____ 三相变压器的联结组别及电动势波形 _____

班 级 _____ 姓 名 _____ 学 号 _____

同组姓名 _____

实验日期 _____ 审阅教师 _____

一、实验目的

二、实验步骤（简要叙述）、结果及分析

步骤 1：

步骤 2：

表 2-2-2　　　　　　　　　　检验 Yy0 联结组实验数据表

实 验 数 据					计 算 数 据			
$U_{1U1.1V1}$ (V)	$U_{3U1.3V1}$ (V)	$U_{1V1.3V1}$ (V)	$U_{1W1.3W1}$ (V)	$U_{1V1.3W1}$ (V)	K_L	$U_{1V1.3V1}$ (V)	$U_{1W1.3W1}$ (V)	$U_{1V1.3W1}$ (V)

判别绕组连接是否正确：

表 2 - 2 - 3　　　　　　　　　　检验 **Yy6** 连接组实验数据表

实验 数 据					K_L	计 算 数 据		
$U_{1U1.1V1}$ (V)	$U_{3U1.3V1}$ (V)	$U_{1V1.3V1}$ (V)	$U_{1W1.3W1}$ (V)	$U_{1V1.3W1}$ (V)		$U_{1V1.3V1}$ (V)	$U_{1W1.3W1}$ (V)	$U_{1V1.3W1}$ (V)

判别绕组联结是否正确：

表 2 - 2 - 4　　　　　　　　　　检验 **Yd11** 联结组实验数据表

实验 数 据					K_L	计 算 数 据		
$U_{1U1.1V1}$ (V)	$U_{3U1.3V1}$ (V)	$U_{1V1.3V1}$ (V)	$U_{1W1.3W1}$ (V)	$U_{1V1.3W1}$ (V)		$U_{1V1.3V1}$ (V)	$U_{1W1.3W1}$ (V)	$U_{1V1.3W1}$ (V)

判别绕组联结是否正确：

表 2 - 2 - 5　　　　　　　　　　检验 **Yd5** 联结组实验数据表

实验 数 据					K_L	计 算 数 据		
$U_{1U1.1V1}$ (V)	$U_{3U1.3V1}$ (V)	$U_{1V1.3V1}$ (V)	$U_{1W1.3W1}$ (V)	$U_{1V1.3W1}$ (V)		$U_{1V1.3V1}$ (V)	$U_{1W1.3W1}$ (V)	$U_{1V1.3W1}$ (V)

判别绕组联结是否正确：

步骤 3：

表 2 - 2 - 6　　　　　　　　　　**Yy 连 接 电 压 数 据**

实 验 数 据		计 算 数 据
$U_{1U1.1V1}$ (V)	U_{1U1} (V)	$U_{1U1.1V1} / U_{1U1}$

表 2 - 2 - 7　　　　　　　　　　　　　YNy 连接电压数据

实 验 数 据		计 算 数 据
$U_{1U1.1V1}$ (V)	U_{1U1} (V)	$U_{1U1.1V1} / U_{1U1}$

表 2 - 2 - 8　　　　　　　　　　　　Yd 连接电压数据（S 不合）

实 验 数 据			计 算 数 据
$U_{1U1.1V1}$ (V)	U_{1U1} (V)	$U_{3U1.3W2}$ (V)	$U_{1U1.1V1} / U_{1U1}$

表 2 - 2 - 9　　　　　　　　　　　　Yd 连接电压数据（S 合）

实 验 数 据			计 算 数 据
$U_{1U1.1V1}$ (V)	U_{1U1} (V)	I_{23} (A)	$U_{1U1.1V1} / U_{1U1}$

（1）分析不同连接法和不同铁芯结构对三相变压器空载电流和电动势波形的影响。

（2）由实验数据算出 Yy 和 Yd 接法时的一次 $U_{1U1.1V1} / U_{1U1}$ 比值，分析产生差别的原因。

（3）根据实验观察，说明三相组式变压器不宜采用 YNy 和 Yd 连接方法的原因。

2.3 三相笼式异步电动机的工作特性

一、实验目的
(1) 掌握三相异步电动机的空载、堵转和负载试验的方法。
(2) 用直接负载法测取三相笼式异步电动机的工作特性。
(3) 测定三相笼式异步电动机的参数。

二、实验仪器
(1) MEL 系列电动机教学实验台主控制屏。
(2) 电动机导轨及测功机、转矩转速测量（MEL－13、MEL－14）。
(3) 交流功率、功率因数表（MEL－20 或 MEL－24 或含在实验台主控制屏上）。
(4) 直流电压表、毫安表、安培表（MEL－06 或含在实验台主控制屏上）。
(5) 三相可调电阻器（MEL－03）。
(6) 波形测试及开关板（MEL－05）。
(7) 三相笼式异步电动机 M04。

三、预习要求
(1) 异步电动机的工作特性是指哪些特性？
(2) 异步电动机的等效电路有哪些参数？它们的物理意义是什么？
(3) 工作特性和参数的测定方法。

四、实验原理及内容
1. 测量定子绕组的冷态直流电阻

准备：将电动机在室内放置一段时间，用温度计测量电动机绕组端部或铁芯的温度。当所测温度与冷动介质温度之差不超过 2K 时，即为实际冷态。记录此时的温度和测量定子绕组的直流电阻，此阻值即为冷态直流电阻。

测量线路如图 2-3-1 所示。

S1、S2：双刀双掷和单刀双掷开关，位于 MEL－05。

R：四只 900Ω 和 900Ω 电阻相串联（MEL－03）。

A、V：直流毫安表和直流电压表，采用MEL－06 或在主控制屏上。

量程的选择：测量时，通过的测量电流约为电动机额定电流的 10%，即为 50mA，因而直流毫安表的

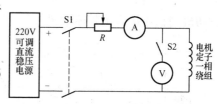

图 2-3-1 三相交流绕组电阻的测定

量程用 200mA 挡；三相笼式异步电动机定子一相绕组的电阻约为 50Ω，因而当流过的电流为 50mA 时三端电压约为 2.5V，所以直流电压表量程用 20V 挡，实验开始前，合上开关 S1，断开开关 S2，调节电阻 R 至最大（3600Ω）。

分别合上绿色"闭合"按钮开关和 220V 直流可调电源的船形开关，按下复位按钮，调节直流可调电源及可调电阻 R，使试验电动机电流不超过电动机额定电流的 10%，以防止因试验电流过大而引起绕组的温度上升，读取电流值，再接通开关 S2 读取电压值。读完后，先打开开关 S2，再打开开关 S1。

调节 R 使 A 表分别为 50mA、40mA、30mA 测取三次，取其平均值，测量定子三相绕组的电阻值，记录于表 2-3-1 中。

（1）在测量时，电动机的转子须静止不动。
（2）测量通电时间不应超过 1min。

2. 判定定子绕组的首末端

先用万用表测出各相绕组的两个线端，将其中的任意两相绕组串联，如图 2-3-2 所示。

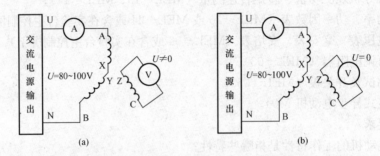

图 2-3-2　三相交流绕组首末端的测定

将调压器调压旋钮退至零位，合上绿色"闭合"按钮开关，接通交流电源，调节交流电源，在绕组端施以单相低电压 $U=80\sim100\text{V}$，注意电流不应超过额定值，测出第三相绕组的电压。如测得的电压有一定读数，表示两相绕组的末端与首端相连，如图 2-3-2（a）所示；反之，如测得电压近似为零，则两相绕组的末端与末端（或首端与首端）相连，如图 2-3-2（b）所示。用同样方法测出第三相绕组的首末端。

3. 空载试验

测量电路如图 2-3-3 所示。电动机绕组为三角形接法（$U_N = 220\text{V}$），且电动机不同测功机同轴连接，不带测功机。

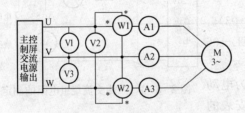

图 2-3-3　三相笼式异步电动机
实验接线图

（1）起动电动机前，把交流电压调节旋钮退至零位，然后接通电源，逐渐升高电压，使电动机起动旋转，观察电动机旋转方向，并使电动机旋转方向符合要求。

（2）保持电动机在额定电压下空载运行数分钟，使机械损耗达到稳定后再进行试验。

（3）调节电压，由 1.2 倍额定电压开始逐渐降低电压，直至电流或功率显著增大为止。在这范围内读取空载电压、空载电流、空载功率。

（4）在测取空载实验数据时，在额定电压附近多测几点，共取 7~9 组数据记录于表 2-3-2 中。

4. 短路实验

测量线路如图 2-3-3 所示。将测功机和三相异步电动机同轴连接。

（1）将螺丝刀插入测功机堵转孔中，使测功机定转子堵住。将三相调压器退至零位。

（2）合上交流电源，调节调压器使之逐渐升压至短路电流到 1.2 倍额定电流，再逐渐降压至 0.3 倍额定电流为止。

（3）在这范围内读取短路电压、短路电流、短路功率，共取 4～5 组数据，填入表 2-3-3 中。做完实验后，注意取出测功机堵转孔中的螺丝刀。

5. 负载实验

选用设备和测量接线同空载试验。实验开始前，MEL-13 中的"转速控制"和"转矩控制"选择开关扳向"转矩控制"，"转矩设定"旋钮逆时针旋转到底。

（1）合上交流电源，调节调压器使之逐渐升压至额定电压，并在试验中保持此额定电压不变。

（2）调节测功机"转矩设定"旋钮使之加载，使异步电动机的定子电流逐渐上升，直至电流上升到 1.25 倍额定电流。

（3）从该负载开始，逐渐减小负载至空载，在这范围内读取异步电动机的定子电流、输入功率、转速、转矩等数据，共读取 5～6 组数据，记录于表 2-3-4 中。

实 验 报 告

实验名称 <u>三相笼式异步电动机的工作特性</u>

班 级 <u>　　　　</u> **姓 名** <u>　　　　</u> **学 号** <u>　　　</u>

同组姓名 <u>　　　　　　　　　　　　　　　　</u>

实验日期 <u>　　　　　　</u> **审阅教师** <u>　　　　　</u>

一、实验目的

二、实验步骤（简要叙述）、结果及分析
步骤 1：

表 2 - 3 - 1 　　　　　定子三相绕组电阻的测定　　　　室温<u>　　　</u>℃

	绕组 I			绕组 II			绕组 III		
I（mA）									
U（V）									
R（Ω）									

计算基准工作温度时的相电阻：　　　$r_{1lef} = r_{lc} \dfrac{235 + \theta_{ref}}{235 + \theta_c}$

式中　r_{1lef}——换算到基准工作温度时定子绕组的相电阻，Ω；

r_{lc}——定子绕组的实际冷态相电阻，Ω；

θ_{ref}——基准工作温度，对于 E 级绝缘为 75℃；

θ_c——实际冷态时定子绕组的温度，℃。

步骤 2:

步骤 3:

表 2 - 3 - 2 空 载 实 验 数 据

序号	$U_{OC}(V)$				$I_{OL}(A)$				$P_O(W)$			$\cos\varphi$
	U_{AB}	U_{BC}	U_{CA}	U_{OL}	I_A	I_B	I_C	I_{OL}	P_I	P_{II}	P_O	
1												
2												
3												
4												
5												
6												

作空载特性曲线：$I_0 = f(U_0)$，$P_0 = f(U_0)$，$\cos\varphi_0 = f(U_0)$。

步骤 4:

表 2 - 3 - 3 短 路 实 验 数 据

序号	$U_{OC}(V)$				$I_{OL}(A)$				$P_O(W)$			$\cos\varphi_K$
	U_{AB}	U_{BC}	U_{CA}	U_K	I_A	I_B	I_C	I_K	P_I	P_{II}	P_K	
1												
2												
3												
4												
5												
6												

作短路特性曲线：$I_K = f(U_K)$，$P_K = f(U_K)$。

1. 由空载、短路试验的数据求异步电动机等效电路的参数

（1）由空载试验数据求激磁回路参数。

空载阻抗　　　　　　　　　　　　$Z_0 = \dfrac{U_0}{I_0}$

空载电阻　　　　　　　　　　　　$r_0 = \dfrac{P_0}{3 I_0^{\,2}}$

空载电抗　　　　　　　　$X_0 = \sqrt{Z_0^2 - r_0^2}$

式中，U_0、I_0、P_0 是相应于 U_0 为额定电压时的相电压、相电流、三相空载功率。

激磁电抗　　　　　　　　　　$X_m = X_0 - X_{1\sigma}$

激磁电阻　　　　　　　　　　　　$r_m = \dfrac{P_{Fe}}{3 I_0^{\,2}}$

式中，P_{Fe} 为额定电压时的铁耗，由图 2-3-4 确定。

（2）由短路试验数据求短路参数。

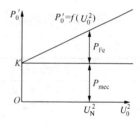

短路阻抗　　　　　　　　　　$Z_K = \dfrac{U_K}{I_K}$

短路电阻　　　　　　　　　$r_K = \dfrac{P_K}{3 I_K^2}$

短路电抗　　　　　$X_K = \sqrt{Z_K^2 - r_K^2}$

式中，U_K、I_K、P_K 为相应于 I_K 为额定电流时的相电压、相电流、
三相短路功率，由短路特性曲线上查得。

图 2-3-4　电动机中的
铁损耗和机械损耗

转子电阻的折合值　　　　　　$r_2' \approx r_K - r_1$

定、转子漏抗　　　　　$X_{1\sigma}' \approx X_{2\sigma}' \approx \dfrac{X_K}{2}$

步骤 5：

表 2 - 3 - 4　　　　　　　　　　　　负 载 实 验 数 据

序号	I_{OL}(A)				P_O(W)			T_2(N·m)	n(r/min)	P_2(W)
	I_A	I_B	I_C	I_1	P_I	P_{II}	P_1			
1										
2										
3										
4										
5										
6										

作工作特性曲线 $P_1 = f(P_2)$，$I_1 = f(P_2)$，$n = f(P_2)$，$\eta = f(P_2)$，$S = f(P_2)$，$\cos\varphi_1 = f(P_2)$。

由负载试验数据计算工作特性，填入表 2 - 3 - 5 中。

表 2 - 3 - 5　　　　　　　异步电动机工作特性　　　　$U_1 = 220V(\triangle)$　　　$I_f =$　　A

序号	电动机输入		电动机输出			计 算 值		
	I_1(A)	P_1(W)	T_2(N·m)	n(r/min)	P_2(W)	S（%）	η（%）	$\cos\varphi_1$
1								
2								
3								
4								
5								
6								

计算公式为

$$I_1 = \frac{I_A + I_B + I_C}{3\sqrt{3}}$$

$$S = \frac{1500 - n}{1500} \times 100\%$$

$$\cos\varphi_1 = \frac{P_1}{3U_1 I_1}$$

$$P_2 = 0.105nT_2$$

$$\eta = \frac{P_2}{P_1} \times 100\%$$

式中 I_1 ——定子绕组相电流，A；

    U_1 ——定子绕组相电压，V；

    S ——转差率；

    η ——效率。

2. 由损耗分析法求额定负载时的效率

电动机的损耗有：

铁损耗 P_{Fe}

机械损耗 P_{mec}

定子铜损耗 $P_{Cu1} = 3I_1^2 r_1$

转子铜损耗 $P_{Cu2} = \dfrac{P_{em}S}{100}$

杂散损耗 P_{ad} 取为额定负载时输入功率的 0.5%。

式中 P_{em} ——电磁功率，W。

$$P_{em} = P_1 - P_{Cu1} - P_{Fe}$$

铁损耗和机械损耗之和为 $P'_0 = P_{Fe} + P_{mec} = P_0 - 3I_0^2 r_1$

为了分离铁损耗和机械损耗，作曲线 $P'_0 = f(U_0^2)$，如图 2-3-4 所示。

延长曲线的直线部分与纵轴相交于 P 点，P 点的纵坐标即为电动机的机械损耗 P_{mec}，过 P 点作平行于横轴的直线，可得不同电压的铁损耗 P_{Fe}。

电动机的总损耗为 $\sum P = P_{Fe} + P_{Cu1} + P_{Cu2} + P_{ad}$

于是求得额定负载时的效率为 $\eta = \dfrac{P_1 - \sum P}{P_1} \times 100\%$

式中，P_1、S、I_1 由工作特性曲线上对应于 P_2 为额定功率 P_N 时查得。

三、思考题

1. 由空载、短路试验数据求取异步电动机的等效电路参数时，有哪些因素会引起误差？

2. 从短路试验数据可以得出哪些结论?

3. 由直接负载法测得的电动机效率和用损耗分析法求得的电动机效率各有哪些因素会引起误差?

2.4 三相同步发电机的运行特性

一、实验目的

(1) 用实验方法测量同步发电机在对称负载下的运行特性。

(2) 由实验数据计算同步发电机在对称运行时的稳态参数。

二、实验仪器

(1) MEL 系列电机系统教学实验台主控制屏。

(2) 电机导轨及测功机，转矩转速测量仪（MEL－13、MEL－14）。

(3) 功率、功率因数表（在主控制屏或采用单独的组件 MEL－20、MEL－24）。

(4) 同步发电机励磁电源（含在主控制屏右下方）。

(5) 三相可调电阻器 900Ω（MEL－03）。

(6) 三相可调电阻器 90Ω（MEL－04）。

(7) 波形测试及开关板（MEL－05）。

(8) 自耦调压器、电抗器（MEL－08）。

(9) 三相同步发电机 M08。

(10) 直流并励电动机 M03。

三、预习要求

(1) 同步发电机在对称负载下有哪些基本特性？

(2) 这些基本特性各在什么情况下测得？

(3) 怎样用实验数据计算对称运行时的稳态参数？

四、实验原理及内容

1. 测定电枢绕组实际冷态直流电阻

被试发电机采用三相凸极式同步电机 M08。

测量与计算方法参见实验 2.3，测量线路如图 2－3－1 所示。记录室温，测量数据记录于表 2－4－1 中。

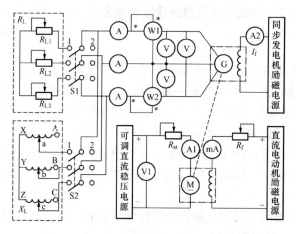

图 2 - 4 - 1　三相同步发电机实验接线图

2. 空载试验

按图 2 - 4 - 1 接线，直流电动机 M 按他励方式连接，拖动三相同步发电机 G 旋转，发电机的定子绕组为 Y 形接法（$U_N = 220V$）。

R_f 采用 MEL−09 中的 3000Ω 磁场调节电阻；R_{st} 采用 MEL−03 中的 90Ω 与 90Ω 电阻相串联，电阻为 180Ω；R_L 采用 MEL−03 中的三相可调电阻；X_L 采用 MEL−08 中的三相可变电抗；S1、S2 采用 MEL−05 中的三刀双掷开关。

同步发电机励磁电源为 0～2.5A 可调的恒流源，在主控制屏的右下部；V、mA、A 为直流电压表、毫安表、安培表，在主控制屏的右下部；交流电压表、交流电流表、功率表在主控制屏上。

切不可将恒流源输出短路。

实验步骤：

（1）未上电源前，同步发电机励磁电源调节旋钮逆时针旋转到底，直流电动机磁场调节电阻 R_f 调至最小，电枢调节电阻 R_{st} 调至最大，开关 S1、S2 扳向"2"位置（断开位置）。

（2）按下绿色"闭合"按钮开关，合上直流电动机励磁电源和电枢电源船形开关，起动直流电动机 M03。

调节 R_{st} 至最小，并调节可调直流稳压电源（电枢电压）和磁场调节电阻 R_f，使电动机 M03 转速达到同步发电机的额定转速 1500r/min，并保持恒定。

（3）合上同步发电机励磁电源船形开关，调节电动机 M08 励磁电流 I_f（注意必须单方向调节），使 I_f 单方向递增至发电机输出电压 $U_0 \approx 1.3U_N$ 为止。在这范围内，读取同步发电机励磁电流 I_f 和相应的空载电压 U_0，测取 7～8 组数据填入表 2 - 4 - 2 中。

（4）减小电动机 M08 励磁电流，使 I_f 单方向减至零值为止。读取励磁电流 I_f 和相应的空载电压 U_0，填入表 2 - 4 - 3 中。

（1）转速保持 $n = n_N = 1500r/min$ 恒定。
（2）在额定电压附近读数相应多些。

实验说明，在用实验方法测定同步发电机的空载特性时，由于转子磁路中剩磁情况的不同，当单方向改变励磁电流 I_f 从零到某一最大值，再反过来由此最大值减小到零时将得到上升和下降的两条不同曲线，如图 2 - 4 - 2 所示。两条曲线的出现，反映铁磁材料中的磁滞现象。测定参数时使用下降曲线，其最高点取 $U_0 \approx 1.3U_N$，如剩磁电压较高，可延伸曲线的直线部分使之与横轴相交，则交点的横坐标绝对值 ΔI_{f0} 应作为校正量，在所有试验测得的励磁电流数据上加上此值，即得通过原点的校正曲线，如图 2 - 4 - 3 所示。

3. 三相短路试验

（1）同步发电机励磁电流源调节旋钮逆时针旋转到底，按空载试验方法调节发电机转速为额定转速 1500r/min，且保持恒定。

（2）用短接线把发电机输出三端点短接，合上同步发电机励磁电源船形开关，调节 M08 电动机的励磁电流 I_f，使其定子电流 $I_K = 1.2I_N$，读取电动机 M08 的励磁电流 I_f 和相

应的定子电流值 I_K。

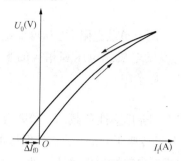

图 2-4-2　上升和下降两条空载特性曲线

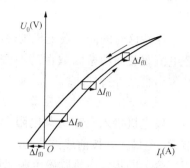

图 2-4-3　校正过的下降空载特性曲线

（3）减小发电机的励磁电流 I_f 使定子电流减小，直至励磁电流为零，读取励磁电流 I_f 和相应的定子电流 I_{K2}，共取 7～8 组数据并记录于表 2-4-4 中。

4. 纯电感负载特性

实验步骤：

（1）未上电源前，把同步发电机励磁电源调节旋钮逆时针调到底，调节可变电抗器使其阻抗达到最大，同时拆除同步发电机定子端的短接线。

（2）按空载试验方法起动直流电动机 M03，调节发电机的转速达 1500r/min，并保持恒定。开关 S2 扳向"1"端，使电机带纯电感负载运行。

（3）调节直流电动机的磁场，调节电阻 R_f 和可变电抗器，使同步发电机端电压接近 1.1 倍额定电压且电流为额定电流，读取端电压值和励磁电流值。

（4）调节励磁电流使电机端电压减小，并且调节可变电抗器使定子电流值保持恒定为额定电流，读取端电压和相应的励磁电流。测取 7～8 组数据并记录于表 2-4-5 中。

5. 测同步发电机在纯电阻负载时的外特性

（1）把三相可变电阻器 R_L 调至最大，按空载试验的方法起动直流电动机，并调节其转速达同步发电机额定转速 1500r/min，且转速保持恒定。

（2）开关 S2 合向"2"端（断开感性负载），开关 S1 合向"1"端，发电机带三相纯电阻负载运行。

（3）合上同步发电机励磁电源船形开关，调节发电机励磁电流 I_f 和负载电阻 R_L 使同步发电机的端电压达额定值 220V，且负载电流亦达额定值。

（4）保持这时的同步发电机励磁电流 I_f 恒定不变，调节负载电阻 R_L，测同步发电机端电压和相应的平衡负载电流，直至负载电流减小到零，测出整条外特性曲线。记录 5～6 组数据于表 2-4-6 中。

6. 测同步发电机在负载功率因数为 0.8 时的外特性

（1）分别把三相可变电阻 R_L 和三相可变电抗 X_L 调至最大，并把同步发电机励磁电源调节旋钮逆时针调到底。

（2）按空载方法起动直流电动机，并调节发电机转速使其达同步发电机额定转速 $n=n_N$ =1500r/min，且保持转速恒定。把开关 S1、S2 均合向"1"端，把 R_L、X_L 并联使用作为发电机 G 的负载。

（3）合上同步发电机励磁电源船形开关，分别调节同步发电机励磁电流 I_f、负载电阻

R_L 和可变电抗 X_L，使同步发电机的端电压达额定值 $U_N=220V$，负载电流达额定值且功率因数为 0.8。

(4) 保持这时的同步发电机励磁电流 I_f 恒定不变，调节负载电阻 R_L 和可变电抗器 X_L，使负载电流改变而功率因数保持不变为 0.8，测量同步发电机端电压和相应的平衡负载电流，并测出整条外特性曲线。记录 6～7 组数据于表 2-4-7 中。

7. 测同步发电机在纯电阻负载时的调整特性

(1) 发电机接入三相负载电阻 R_L（S1 合向"1"），断开感性负载 X_L（S2 合向"2"），并调节 R_L 至最大，按前述方法起动电动机，并调节电机转速 1500r/min，且保持恒定。

(2) 合上同步发电机励磁电源船形开关，调节同步发电机励磁电流 I_f，使发电机端电压达到额定值 $U_N=220V$，且保持恒定。

(3) 调节负载电阻 R_L 以改变负载电流，同时保持电机端电压不变。读取相应的励磁电流 I_f 和负载电流 I，测出整条调整特性曲线。测出 6～7 组数据记录于表 2-4-8 中。

实 验 报 告

实验名称 ___三相同步发电机的运行特性___

班 级 _____ 姓 名 _____ 学 号 _____

同组姓名 _____

实验日期 _____ **审阅教师** _____

一、实验目的

二、实验步骤（简要叙述）、结果及分析

步骤 1：

表 2 - 4 - 1   电 枢 绕 组 电 阻 测 定   室温____℃

	绕组 I	绕组 II	绕组 III
I（mA）			
U（V）			
R（Ω）			

步骤 2：

表 2 - 4 - 2   空 载 试 验 **(1)** $n = n_N = 1500\text{r/min}$ $I = 0$

序 号	1	2	3	4	5	6	7	8
U_0（V）								
I_f（A）								

表 2 - 4 - 3   空 载 试 验 **(2)** $n = n_N = 1500\text{r/min}$ $I = 0$

序 号	1	2	3	4	5	6	7	8
U_0（V）								
I_f（A）								

绘出同步发电机的空载特性。

步骤 3：

表 2 - 4 - 4　　　　　　　　　三 相 短 路 试 验　　　$U=0V$　　$n=n_N=1500r/min$

序　号	1	2	3	4	5	6	7	8
I_K（A）								
I_f（A）								

绘出同步发电机短路特性。

步骤 4：

表 2 - 4 - 5　　　　　　　　　纯 电 感 负 载 外 特 性

$n=n_N=1500r/min$　　　$I=I_N=$　　A

序　号	1	2	3	4	5	6	7	8
U_0（V）								
I_f（A）								

绘出同步发电机的纯电感负载特性。

步骤 5：

表 2 - 4 - 6　　　　　　　　　纯 电 阻 负 载 外 特 性

$n=n_N=1500r/min$　　$I_f=$　　A　$\cos\varphi=1$

序　号	1	2	3	4	5	6	7	8
U（V）								
I（A）								

步骤 6:

表 2 - 4 - 7   负载功率因数为 0.8 的外特性

$$n = n_N = 1500 \text{r/min} \quad I_f = \quad \text{A} \quad \cos\varphi = 0.8$$

序　号	1	2	3	4	5	6	7	8
U (V)								
I (A)								

绘出纯电阻负载时外特性和负载功率因数为 0.8 时的外特性。

步骤 7:

表 2 - 4 - 8   同步发电机纯电阻负载时的调整特性

$$U = U_N = 220\text{V} \qquad n = n_N = 1500\text{r/min}$$

序　号	1	2	3	4	5	6	7	8
I (A)								
I_f (A)								

绘出同步发电机的调整特性曲线。

三、参数计算

1. 由空载特性和短路特性求取发电机定子漏抗 X_σ 和特性三角形。

2. 由零功率因数特性和空载特性确定电机定子保梯电抗。

3. 利用空载特性和短路特性确定同步发电机的直轴同步电抗 X_d（不饱和值）。

4. 利用空载特性和纯电感负载特性确定同步发电机的直轴同步电抗 X_d（饱和值）。

5. 求短路比。

6. 由外特性试验数据求取电压调整率 $\Delta U\%$。

2.5　三相同步发电机的并联运行

一、实验目的
（1）掌握三相同步发电机投入电网并联运行的条件与操作方法。
（2）掌握三相同步发电机并联运行时有功功率与无功功率的调节。

二、实验仪器
（1）MEL 系列电机教学实验台主控制屏。
（2）发电机导轨及测功机、转矩转速测量仪（MEL－13、MEL－14）。
（3）三相可变电阻器 90Ω（MEL－04）。
（4）波形测试及开关板（MEL－05）。
（5）旋转指示灯、整步表（MEL－07）。
（6）同步发电机励磁电源（位于主控制屏右下部）。
（7）功率、功率因数表（在主控制屏上或为单独的组件 MEL－20、MEL－24）。

三、预习要求
（1）三相同步发电机投入电网并联运行有哪些条件？不满足这些条件将产生什么后果？如何满足这些条件？
（2）三相同步发电机投入电网并联运行时怎样调节有功功率和无功功率？调节过程又是怎样的？

四、实验原理及内容
1. 用准同步法将三相同步发电机投入电网并联运行

实验接线如图 2-5-1 所示。三相同步发电机选用 M08。原动机选用直流并励电动机 M03，作他励接法。mA、A、V 选用直流电源自带毫安表、电流表、电压表，在主控制屏的右下部。R_{st} 选用 MEL－04 中的 90Ω 与 90Ω 电阻相串联（最大值为 180Ω）。R_f 选用 MEL－03 中的 900Ω 与 900Ω 电阻相串联（最大值为 1800Ω）。R 选用 MEL－04 中的 90Ω 电阻。开关 S1、S2 选用 MEL－05 中的三刀双掷开关。交流电压表、交流电流表、功率表在主控制屏上。同步发电机励磁电源为 0～2.5A 可调的恒流源，在主控制屏的右下部。

工作原理：三相同步发电机与电网并联运行必须满足以下三个条件。
（1）发电机的频率和电网频率要相同，即 $f_{II} = f_I$。
（2）发电机和电网电压大小、相位要相同，即 $E_{0II} = U_I$。
（3）发电机和电网的相序要相同。

为了检查这些条件是否满足，可用电压表检查电压，用灯光旋转法或整步表法检查相序和频率。

实验步骤：
（1）三相调压器旋钮逆时针旋转到底，开关 S2 断开，S1 合向"1"端，确定"可调直流稳压电源"和"直流电机励磁电源"船形开关均在断开位置，合上绿色"闭合"按钮开关，调节调压器旋钮，使交流输出电压达到同步发电机额定电压 U_N＝220V。
（2）直流电动机电枢调节电阻 R_{st} 调至最大，励磁调节电阻 R_f 调至最小，先合上直流电动机励磁电源船形开关，再合上可调直流稳压电源船形开关，起动直流电动机 M03，并调

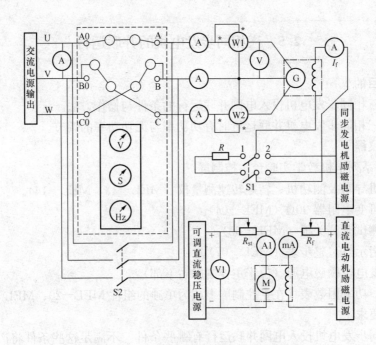

图 2-5-1　三相同步发电机并网实验接线图

节电动机转速为 1500r/min。

（3）开关 S1 合向"2"端，接通同步发电机励磁电源，调节同步发电机励磁电流 I_f 使同步发电机发出额定电压 220V。

（4）观察三组相灯，若依次明灭形成旋转灯光，则表示发电机和电网相序相同；若三组灯同时发亮、同时熄灭则表示发电机和电网相序不同。当发电机和电网相序不同则应先停机，调换发电机或三相电源任意两根端线以改变相序后，按前述方法重新起动电动机。

（5）当发电机和电网相序相同时，调节同步发电机励磁电流 I_f，使同步发电机电压和电网电压相同。再细调直流电动机转速，使各相灯光缓慢地轮流旋转发亮，此时接通整步表直键开关，观察整步表和频率表指针指在中间位置，S 表指针逆时针缓慢旋转。

（6）待 A 相灯熄灭时合上并网开关 S2，把同步发电机投入电网并联运行。

（7）停机时应先断开整步表直键开关，断开并网开关 S2，将 R_{st} 调至最大，三相调压器逆时针旋到零位，并先断开电枢电源后断开直流电动机励磁电源。

2. 用自同步法将三相同步发电机投入电网并联运行

（1）在并网开关 S2 断开且相序相同的条件下，把开关 S1 合向"2"端接至同步发电机励磁电源，MEL-07 中的整步表直键开关打在"断开"位置。

（2）按前述方法起动直流电动机，并使直流电动机升速到接近同步转速（1475～1525）r/min。

（3）起动同步发电机励磁电流源，并调节励磁电流 I_f 使发电机电压约等于电网电压 220V。

（4）将开关 S1 闭合到"1"端，接入电阻 R（R 为 90Ω 电阻，约为三相同步发电机励磁绕组电阻的 10 倍）。

（5）合上并网开关 S2，再把开关 S1 闭合到"2"端，这时电机利用"自整步作用"使它迅速被牵入同步。

3. 三相同步发电机与电网并联运行时有功功率的调节

（1）按上述 1、2 任意一种方法把同步发电机投入电网并联运行。

（2）并网以后，调节直流电动机的励磁电阻 R_f 和同步电机的励磁电流 I_f，使同步发电机定子电流接近于零，这时相应的同步发电机励磁电流 $I_f = I_{f0}$。

（3）保持这一励磁电流 I_f 不变，调节直流电动机的励磁调节电阻 R_f，使其阻值增加，这时同步发电机输出功率 P_2 增加。

（4）在同步发电机定子电流从接近于零到额定电流的范围内读取三相电流、三相功率、功率因数，共取 6～7 组数据记录于表 2-5-1 中。

4. 三相同步发电机与电网并联运行时无功功率的调节

（1）测取当输出功率等于零时三相同步发电机的 V 形曲线。

1）按上述 1、2 任意一种方法把同步发电机投入电网并联运行。

2）保持同步发电机的输出功率 $P_2 \approx 0$。

3）先调节同步发电机励磁电流 I_f，使 I_f 上升，发电机定子电流随着 I_f 的增加上升到额定电流，并调节 R_{st} 保持 $P_2 \approx 0$。记录此点同步发电机励磁电流 I_f、定子电流 I_0。

4）减小同步发电机励磁电流 I_f，使定子电流 I 减小到最小值，记录此点数据。

5）继续减小同步发电机励磁电流，这时定子电流又将增加直至额定电流。

6）分别在过励和欠励的情况下，读取 9～10 组数据记录于表 2-5-2 中。

（2）测取当输出功率等于 0.5 倍额定功率时，三相同步发电机的 V 形曲线。

1）按上述 1、2 任意一种方法把同步发电机投入电网并联运行。

2）保持同步发电机的输出功率 P_2 等于 0.5 倍额定功率。

3）先调节同步发电机励磁电流 I_f，使 I_f 上升，发电机定子电流随着 I_f 的增加上升到额定电流。记录此点同步发电机励磁电流 I_f、定子电流 I_0。

4）减小同步发电机励磁电流 I_f 使定子电流 I 减小到最小值，记录此点数据。

5）继续减小同步发电机励磁电流，这时定子电流又将增加直至额定电流。

6）分别在过励和欠励的情况下，读取 9～10 组数据记录于表 2-5-3 中。

实 验 报 告

实验名称 ___ 三相同步发电机的并联运行 ___

班 级 ___ 姓 名 ___ 学 号 ___

同组姓名 ___

实验日期 ___ 审阅教师 ___

一、实验目的

二、实验步骤（简要叙述）、结果及分析

步骤 1：

步骤 2：

（1）评述准确同步法和自同步法的优缺点。

（2）试述并联运行条件不满足时并网将引起什么后果？

步骤 3：

表 2 - 5 - 1　　　　　　　　三相同步发电机与电网并联运行时有功功率调节

$$U = 220\text{V (Y)} \qquad I_f = I_{f0} = \qquad \text{A}$$

序号	测量值					计算值		
	输出电流 I（A）			输出功率（W）		I	P_2	$\cos\varphi$
	I_A	I_B	I_C	P_I	P_II			
1								
2								
3								
4								
5								
6								
7								

表中：$I = \dfrac{I_A + I_B + I_C}{3}$，$P_2 = P_\text{I} + P_\text{II}$，$\cos\varphi = \dfrac{P_2}{\sqrt{3}UI}$。

步骤 4：

表 2 - 5 - 2　　　　　三相同步发电机与电网并联运行时无功功率调节（$P_2 = 0$）

$$n = 1500\text{r/min} \quad U = 220 \text{ V} \quad P_2 \approx 0 \text{ W}$$

序号	三相电流 I（A）				励磁电流 I_f（A）
	I_A	I_B	I_C	I	
1					
2					
3					
4					
5					
6					
7					
8					
9					

表中：$I = \dfrac{I_A + I_B + I_C}{3}$。

表 2 - 5 - 3   三相同步发电机与电网并联运行时无功功率调节（$P_2 = 0.5P_N$）

$$n = 1500\text{r/min} \qquad U = 220 \text{ V} \qquad P_2 \approx 0.5P_N$$

序号	测 量 值				计 算 值	
	I_A	I_B	I_C	I_f	I	$\cos\varphi$
1						
2						
3						
4						
5						
6						
7						
8						
9						
10						

表中：$I = \dfrac{I_A + I_B + I_C}{3}$，$\cos\varphi = \dfrac{P_2}{\sqrt{3}UI}$。

（1）试述三相同步发电机和电网并联运行时有功功率和无功功率的调节方法。

（2）画出 $P_2 \approx 0$ 和 $P_2 \approx 0.5P_N$ 时同步发电机的 V 形曲线，并加以说明。

三、思考题

　　自同步法将三相同步发电机投入电网并联运行时，先把同步发电机的励磁绕组串入 10 倍励磁绕组电阻值的附加电阻组成回路的作用是什么？

第3部分　模拟电子技术实验

3.0　模拟电子综合实验仪简介

模拟电子综合实验仪（CATO-Ⅲ）面板如图3-0-1所示。图中各部分名称与功能为：

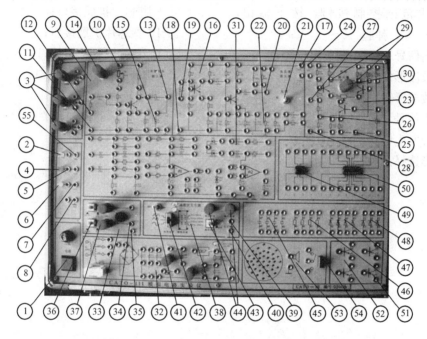

图 3-0-1　CATO-Ⅲ模拟电子综合实验仪

① 实验仪交流电源开关；

② 直流＋5V电源指示灯；

③ 直流＋5V电源输出孔；

④ 直流－12V电源指示灯；

⑤ 直流－12V电源输出孔；

⑥ 直流＋12V电源指示灯；

⑦ 直流＋12V电源输出孔；

⑧ 直流电源"地"GND；

⑨ 单管电压放大器实验电路；

⑩ 直流＋12V电源输入孔 V_{CC}；

⑪ 直流电源"地"GND输入孔；

⑫ 输入信号 U_i 输入孔；

⑬ 输出信号 U_o 输出孔；

⑭ 静态工作点调节电位器；

⑮ 输出负载电阻 R_L；

⑯ 串联电压负反馈实验电路；

⑰ 直流＋12V电源输出孔 V_{CC}；

⑱ 直流电源"地"输入孔 GND；

⑲ 输入信号 U_i 输入孔；

⑳ 输出信号 U_o 输出孔；

㉑ 反馈类型控制开关；

㉒ 输出负载电阻 R_L；

㉓ 差动放大器实验电路；

㉔ 直流＋12V电源输出孔 V_{CC}；

㉕ 直流－12V电源输出孔 V_{EE}；

㉖ 直流电源"地"输入孔 GND；

㉗ 差模信号 U_{i1} 输入孔；

㉘ 差模信号 U_{i2} 输入孔；

㉙ 输出信号 U_o 输出孔；

㉚ 输出调"0"电位器；

㉛ 运算放大器实验（设计性实验模块电路）；

㉜ 直流稳压电源实验（设计性实验模块电路）；

㉝ 直流信号源发生电路；

㉞ 直流信号输出孔 OUT2；

㉟ 直流信号输出"地"GND；

㊱ 输出范围控制按键，按下输出，−0.5～＋0.5V；弹起−5～＋5V；

㊲ 输出信号 OUT2 调节电位器；

㊳ 函数波形发生电路；

㊴ 函数波形输出孔；

㊵ 输出信号"地"；

㊶ 信号发生电路交流电源开关；

㊷ 波形选择开关；

㊸ 输出幅值范围控制开关。按下衰减 20dB；

㊹ 输出幅值调节电位器；

㊺ 电容器扩展接口；

㊻ 电阻扩展接口；

㊼ 二极管扩展接口；

㊽ 稳压管扩展接口；

㊾ 8 脚芯片扩展接口；

㊿ 16 脚芯片扩展接口；

51 PNP 三极管扩展接口；

52 NPN 三极管扩展接口；

53 外接扬声器扩展接口；

54 外接扬声器控制开关；

55 可调电位器。

3.1 常用电子仪器的使用方法

一、实验目的

（1）掌握晶体管毫伏表（YB7213）的使用方法。

（2）初步掌握低频信号发生器（LM1602P）的使用方法。

（3）初步掌握用示波器（LM4320D）观察正弦信号波形、测量信号波形参数（峰值、峰—峰值、周期）的方法。

二、实验仪器

（1）交流毫伏表（YB7213）。

（2）低频信号发生器（LM1602P）。

（3）双踪示波器（LM4320D）。

三、预习要求

认真阅读交流毫伏表、低频信号发生器和双踪示波器的相关资料。

四、实验原理

本实验所用的三种仪器，即交流毫伏表、低频信号发生器和双踪示波器是模拟电子实验中的常用电子设备。

交流毫伏表（YB7213）能测量频率为 $20\text{Hz}\sim2\text{MHz}$、幅度为 $10\mu\text{V}\sim100\text{V}$ 的正弦信号电压。

低频信号发生器（LM1602P）能输出频率为 $0.2\text{Hz}\sim2\text{MHz}$、最大输出电压幅度为 $20\text{V}_{\text{P-P}}$ 的正弦波、方波或三角波信号。

双踪示波器（LM4320D）可用来观察各种周期性变化的电压（或电流）波形，测量输入信号波形参数（峰值、峰—峰值、周期等）。

五、实验内容

（1）将信号源的输出电压与示波器 Y1/X 垂直输入端相连，用毫伏表检测信号源的输出幅值；

（2）将信号源的输出调成输出幅值 $U=5\text{V}$、频率 $f=1000\text{Hz}$ 的正弦交流；

（3）调节示波器面板上的相关控件，使示波器屏幕上出现稳定的交流正弦波形；

（4）用示波器测量出信号源输出的正弦交流信号的幅值、频率；

（5）用毫伏表测量出信号源输出的正弦交流信号的幅值；

（6）比较示波器与毫伏表的测量结果，将数据填入表 3-1-1 中。注意：毫伏表读出的是有效值，示波器读出的是瞬时值。

（7）信号源的输出衰减 20dB，频率不变，重复 1～6 步，填入表 3-1-1 中；

（8）信号源的输出衰减 40dB，频率不变，重复 1～6 步，填入表 3-1-1 中；

（9）信号源的输出衰减 60dB，频率不变，重复 1～6 步，填入表 3-1-1 中；

（10）将信号源输出衰减调成 0dB，保持其输出幅值不变，改变输出频率，用毫伏表测出信号源输出幅值，填入表 3-1-2。

（11）画出信号源输出波形的幅频特性曲线于图 3-1-1 中。

实 验 报 告

实验名称 　　　常用电子仪器的使用方法　　　

班　　级 　　　　　　 **姓 名** 　　　　　　 **学 号** 　　　　　

同组姓名 　　　　　　　　　　　　　　　　　　　　　

实验日期 　　　　　　 **审阅教师** 　　　　　　　

一、实验目的

二、实验步骤（简要叙述）、结果及分析
步骤 1：

表 3 - 1 - 1　　　　　　　　　　不同衰减度下的测量数据

信号源衰减值	测试仪器名称	电压 U（V）值	频率 f 值
0 dB	示波器		
	毫伏表		
20 dB	示波器		
	毫伏表		
40 dB	示波器		
	毫伏表		
60 dB	示波器		
	毫伏表		

步骤2：

表3-1-2　　　　　　　　　　　　　　不同频率下的测量数据

信号频率	50Hz	100Hz	1kHz	10kHz	100kHz	1MHz
信号幅值						

步骤3：

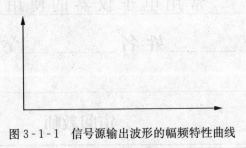

图3-1-1　信号源输出波形的幅频特性曲线

三、思考题

1. 用交流电压表测量交流电压时，信号频率的高低对读数有无影响？

2. 用示波器观□□□□□□□□□□□求，应调节哪些旋钮？（1）亮度适中；（2）波形稳定；（3）移动波□□□□改变□□□数；（5）改变波形高度。

3.2　单管电压放大器

一、实验目的

(1) 学习单管电压放大电路的安装、调试方法。

(2) 观察电路参数变化对放大器性能的影响。

(3) 掌握测试放大器性能指标的方法。

二、实验仪器

(1) 示波器	1台
(2) 低频信号发生器	1台
(3) 万用表	1块
(4) 晶体管毫伏表	1块
(5) 模拟电子综合实验箱	1台

三、预习要求

(1) 复习教材相关章节。

(2) 阅读实验指导书并写出预习报告。

四、实验原理

1. 单管共射放大电路的偏置方法

单管共射放大电路的偏置方法如图 3-2-1 和图 3-2-2 所示，图 3-2-1 所示电路结构简单，但当环境温度或其他条件（如更换三极管）变化时，Q 点将会偏移，使本来不失真的输出波形产生失真。图 3-2-2 是分压式偏置电路，当满足 $I_{b1} \leqslant 5I_b$ 时，这种电路具有自动调节静态工作点的功能（因电路引入直流电流负反馈），当环境温度变化或更换三极管时，Q 点能基本保持不变。

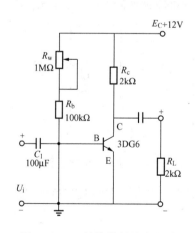

图 3-2-1　单管共射放大电路

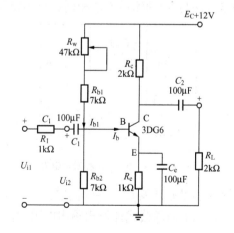

图 3-2-2　分压偏置放大电路

2. 静态工作点与电路参数的关系

当 $I_{b1} \leqslant 5I_b$ 时，有

$$V_B \approx E_C \frac{R_{b2}}{R_w + R_{b1} + R_{b2}}$$

$$I_E \approx I_C = \frac{1}{R_C}(V_B - V_{BE})$$

$$V_{CE} \approx E_C - I_C(R_C + R_e)$$

可见，在电源电压 E_C 一定的情况下，电阻 R_C、R_e 不变时，工作点仅决定于 R_{b1}、R_{b2} 的值。固定 R_{b1}、R_{b2}，调节 R_w，直至 Q 合适为止。

3. 输入电阻的测量

放大器的输入电阻是从放大器输入端看进去的等效电阻。定义为输入电压 U_i 与电流 I_i 的比值，即

$$R_i = \frac{U_i}{I_i}$$

测量 R_i 的方法很多，如电桥法、代替法等，下面介绍一种方法——换算法。测量电路如图 3-2-3 所示，在信号源和放大器之间串入一个已知电阻 R，只要分别测量出 U_{i1} 和 U_{i2}，则输入电阻为

$$R_i = \frac{U_{i2}}{I_i} = \frac{U_{i2}}{U_R/R} = \frac{U_{i2}}{U_{i1} - U_{i2}}R$$

(1) 由于 R 两端没有接地点，而电压表一般测量的是对地交流电压，所以，测量电阻 R 的两端电压 U_R 时，必须分别测量两端对地电压 U_{i1} 和 U_{i2}。电阻 R 的取值不宜过大，否则容易引入干扰，但也不宜过小，否则测量误差较大。通常取 R 和输入电阻 R_i 为同一个数量级比较合适。

(2) 测量前，毫伏表应该校零，U_{i1} 和 U_{i2} 最好用同一个量程。

4. 输出电阻 R_o 的测量

测量方法与 R_i 的测量方法相同，仍用换算法。测量原理如图 3-2-4 所示。

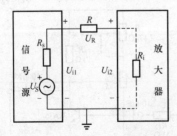
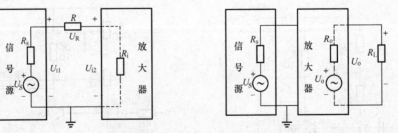

图 3-2-3 输入电阻测量电路　　　　　图 3-2-4 输出电阻测量电路

在放大器的输入端加上一个固定信号电压，分别测量出放大器空载与负载时的输出电压 U_o 与 U_L，用下面的公式计算出输出电阻 R_o。

$$R_o = \left(\frac{U_o}{U_L} - 1\right)R_L$$

测量输入、输出电阻时，始终要用示波器观察放大器的输出电压波形，一定要保证输出波形不失真。

5. 测量电压放大倍数 A_U

单管共射放大电路的电压放大倍数公式为

$$A_U = \frac{-\beta R'_L}{r_{be}}$$

由公式可知，A_U 是 R'_L、β 和 r_{be} 的函数，而 $r_{be} = r'_{bb} + (1+\beta)\dfrac{26}{I_E}$，因此，$A_U$ 也是静态工作点 Q 的函数。当其他条件不变时，R'_L 增大，A_U 也增大；I_C（静态工作电流）增大时，A_U 也增大。

 测量电压放大倍数时也要保证输山电压波形不失真。

五、实验内容

(1) 按图 3 - 2 - 2 在模拟电子综合实验箱上搭接好实验电路，注意直流电源极性不要接错。

(2) 调节静态工作点，研究静态工作点对放大器性能的影响。

实验电路给定参数：
$$E_C = 12V$$
$$R_C = 12k\Omega$$
$$I_C = 1.5mA \text{ 或 } I_C = 3mA$$

当 $I_C = 1.5mA$ 时：$U_C = E_C - I_C R_C = 12 - 1.5 \times 2 = 9(V)$
当 $I_C = 3mA$ 时：$U_C = E_C - I_C R_C = 12 - 3 \times 2 = 6(V)$

1) 调节三极管基极电位器 R_w，用万用表测量三极管集电极对地电位 U_C，使 $U_C = 9V$。

2) 在输入端加入 $f = 1kHz$ 的交流信号，调节信号源输出信号 U_i 的幅值，用示波器观察单管电压放大器的输出 U_o 波形，一定要保证输出 U_o 波形不失真（在输出 U_o 不失真的条件下应尽可能加大输入信号 U_i 的幅值）。如果失真，减小输入信号 U_i 的幅值，可以消除失真。用毫伏表分别测量放大器的输入与输出电压 U_{i1}、U_{i2}、U_o 和 U_L 值，填入表 3 - 2 - 1。

3) 重复 1) 中的步骤，使三极管集电极对地电位 $U_C = 6V$。

4) 根据实验数据，计算出放大器的电压增益和输入、输出电阻（用下列公式计算）。

$$A_o = \frac{U_o}{U_{i2}}$$

$$A_L = \frac{U_L}{U_{i2}}$$

$$R_i = \frac{U_{i2}}{U_{i1} - U_{i2}} R$$

$$R_o = \left(\frac{U_o}{U_L} - 1\right) R_L$$

（3）观察静态工作点对输出波形的影响。分别增大和减小 R_w 值，观察放大器输出波形的变化情况，画出 R_w 最大与最小时放大器的输出波形。

实　验　报　告

实验名称　　　　　　　单 管 电 压 放 大 器　　　　　

班　　级　　　　　　姓 名　　　　　　学 号　　　　

同组姓名　　　　　　　　　　　　　　　　　　　　

实验日期　　　　　　　　　　审阅教师　　　　　　　

一、实验目的

二、实验步骤（简要叙述）、结果及分析

步骤 1：

步骤 2：

表 3 - 2 - 1　　　　　　　　　单管共射放大电路特性

负 载 电 阻		$R_L=\infty$		$R_L=2k\Omega$	
静态电流	I_C（mA）	$I_C=1.5mA$	$I_C=3mA$	$I_C=1.5mA$	$I_C=3mA$
测 量 值	U_C（V）				
	U_{i1}（V）				
	U_{i2}（V）				
	U_o（V）				
	U_L（V）				
实 际 值	A_o				
	A_L				
	R_i（Ω）				
	R_o（Ω）				
计 算 值	A_o				
	A_L				
	R_i（Ω）				
	R_o（Ω）				

（1）根据实验结果，简述静态工作点变化对放大器性能的影响。

（2）根据实验结果，简述负载电阻变化对放大器放大倍数的影响。

步骤 3：
（1）画出放大器输入、输出波形的相位关系图。

（2）画出 R_w 最大与最小时放大器的输出波形。

三、思考题

1. 在图 3 - 2 - 2 的实验电路中，将 NPN 管换成 PNP 管，其他部分应如何改动？

2. 若用实验的方法测量上述电路的电流放大倍数 $A_i = \dfrac{I_L}{I_i}$ 应如何实现？

3. 如用一只 β 较大的三极管代替原来的三极管，静态工作点会不会发生变化？R_i、R_o、A_o、A_L 会不会发生变化，为什么？

3.3 负反馈放大器

一、实验目的

(1) 通过本实验加深理解负反馈对放大电路性能的影响。

(2) 掌握负反馈放大器性能指标的测试方法。

二、实验仪器

(1) 模拟电子综合实验仪　　　　1台

(2) 晶体管毫伏表　　　　　　　1块

(3) 示波器　　　　　　　　　　1台

(4) 低频信号发生器　　　　　　1台

三、预习要求

(1) 复习教材相关章节。

(2) 阅读实验指导书写出预习报告。

四、实验原理

引入负反馈可以使放大器性能指标发生变化，如提高放大倍数稳定性，减小非线性失真和抑制干扰，展宽通频带，改变输入、输出电阻等。实验电路为两级电压串联负反馈电路，如图 3-3-1 所示。VT1 和 VT2 组成工作点稳定电路，S 是双刀双掷开关，当置于位置 1 时，输出通过 R_1 接到 VT1 的发射级上，与 R_{e1} 构成反馈网络，使放大器构成两级

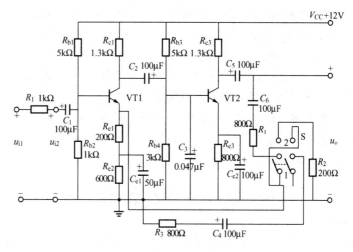

图 3-3-1　负反馈实验电路

电压串联负反馈组态；当 S 置于位置 2 时，R_1 和 R_2 串联后的等效电阻并联在输出端；R_3 与 R_{e1} 并联接到 VT1 的发射极上，并接地。这样，一则使放大器变为无负反馈的两级阻容耦合电压放大器；二则又考虑了反馈网络对放大器输入、输出的负载效应。

由负反馈放大器的分析方法可知：本实验电路具有稳定输出电压 U_o 和电压放大倍数 A_U 的作用，当电源电压 E_C 或负载电阻 R_L 变化时，U_o 基本不变。此外，图 3-3-1 基本可视为深度负反馈放大电路，因此，有下列关系式：

$$A_{uf} = \frac{A_{uu}}{1 + A_{uu}F_{uu}} \approx \frac{1}{F_{uu}}$$

$$F_{uu} = \frac{U_{Re1}}{U_o} = \frac{R_{e1}}{R_1 + R_{e1}}$$

五、实验内容

1. 研究深度负反馈对放大电路输出电压和增益稳定性的影响

(1) 研究电源变化时对电路性能的影响。

1) 将电源电压 E_C 调成 +12V，开关 S 搁于位置 2，使电路无负反馈；

2) 在放大器的输入端加入 $f=1\text{kHz}$ 的正弦信号，用示波器观察放大器的输出波形 U_o；

3) 调节输入信号 U_i 的幅值使放大器得到最大不失真输入；

4) 用毫伏表测量无反馈时放大电路参数 U_i、U_o 的值，填入表 3-3-1；

5) 将开关 S 搁于位置 1，使电路有负反馈；

6) 增大输入信号 U_i 的幅值，使之再一次达到最大不失真输入；

7) 用毫伏表测量有反馈时放大电路参数 U_i、U_o 的值，填入表 3-3-1；

8) 将电源电压 E_C 调成 +9V，重复上述步骤。

(2) 研究负载变化时对电路性能的影响。

1) 将电源电压 E_C 调成 +12V，开关 S 搁于位置 2，使电路无负反馈，在输出端加上 1kΩ 负载电阻；

2) 调节输入信号 U_i 的幅值使放大器得到最大不失真输入；

3) 用毫伏表测量无反馈、有负载时放大电路参数 U_i、U_L 的值，填入表 3-3-1；

4) 将开关 S 搁于位置 1，使电路有负反馈；

5) 增大输入信号 U_i 的幅值，使之再一次达到最大不失真输入；

6) 用毫伏表测量有反馈、有负载时放大电路参数 U_i、U_L 的值，填入表 3-3-1；

7) 将电源电压 E_C 调成 +9V，重复上述步骤。

8) 将输出端开路（$R_L=\infty$），重复上述步骤，填入表 3-3-2 中。

2. 研究负反馈对输出电阻的影响

在上述（1）、（2）两步中，已经分别测出放大器在负载电阻 $R_L=\infty$ 和 $R_L=1\text{kΩ}$ 时有反馈和无反馈的值 U_o 和 U_L，代入公式

$$r_o = \left(\frac{U_o}{U_L}-1\right)\cdot R_L$$

分别计算出有（无）反馈时放大器的输出电阻 r_o，有负反馈时输出电阻要比无负反馈时输出电阻小。

3. 研究负反馈对放大器频率特性的影响

(1) 无负反馈时电路通频带的测试。

1) 在放大器的输入端加入 $f=1\text{kHz}$ 的正弦信号，用示波器观察放大器的输出波形 U_o；

2) 调节输入信号 U_i 的幅值使放大器得到最大不失真输入；

3) 保持输入信号 U_i 幅值不变，增加输入信号 U_i 的频率，当 U_o 值为原来（$f=1\text{kHz}$）的 0.707 倍，此时信号频率为上限转折频率 f_H，记录 f_H；

4) 保持输入信号 U_i 幅值不变，降低输入信号 U_i 的频率，当 U_o 值为原来（$f=1\text{kHz}$）的 0.707 倍，此时信号频率为下限转折频率 f_L，记录 f_L；

5) 计算无负反馈时实验电路的通频带带宽 f_H-f_L。

(2) 按照上述步骤，测出在有负反馈时实验电路的通频带带宽。

实 验 报 告

实验名称　　　　　　　负 反 馈 放 大 器

班　　级　　　　　　　姓　名　　　　　　　学　号

同组姓名

实验日期　　　　　　　审阅教师

一、实验目的

二、实验步骤（简要叙述）、结果及分析

步骤 1:

表 3 - 3 - 1　　　　　　　　　　当负载电阻 $R_L = 1k\Omega$ 时

反馈类型 电源电压	无 反 馈						有 反 馈					
$E_C = +12V$	U_i	U_o	U_L	A_o	A_L	R_o	U_i	U_o	U_L	A_o	A_L	R_o
$E_C = +9V$	U_i	U_o	U_L	A_o	A_L	R_o	U_i	U_o	U_L	A_o	A_L	R_o

表 3 - 3 - 2　　　　　　　　　　当负载电阻 $R_L = \infty$ 时

反馈类型 电源电压	无 反 馈					有 反 馈				
$E_C = +12V$	U_i	U_o	U_L	A_o	A_L	U_i	U_o	U_L	A_o	A_L
$E_C = +9V$	U_i	U_o	U_L	A_o	A_L	U_i	U_o	U_L	A_o	A_L

步骤 2:

无反馈时放大器的输出电阻 $r_o=$
有反馈时放大器的输出电阻 $r_o=$

步骤 3:
无负反馈情况下：上限转折频率 $f_H=$
　　　　　　　下限转折频率 $f_L=$
　　　　　　　实验电路的通频带带宽 $f_H-f_L=$
有负反馈情况下：上限转折频率 $f_H=$
　　　　　　　下限转折频率：$f_L=$
　　　　　　　实验电路的通频带带宽 $f_H-f_L=$

结论：根据实验数据，总结电压串联负反馈对放大器性能的影响。

三、思考题

1. 增大或减小 R_1，在 U_i 一定的条件下，U_o 有何变化？

2. 为了进一步改善放大器电压增益的稳定性，应对放大电路中的哪些器件进行调整？如何调整？

3.4　差 动 放 大 器

一、实验目的

(1) 掌握差动放大器的工作原理和调试方法。

(2) 测试差动放大器的差模和共模放大倍数。

(3) 测试差动放大器的共模抑制比。

(4) 观察温度对零点漂移的影响。

二、实验仪器

(1) 万用表　　　　　　　　1 块

(2) 晶体管毫伏表　　　　　1 块

(3) 低频信号发生器　　　　1 台

(4) 示波器　　　　　　　　1 台

(5) 模拟电子综合实验箱　　1 台

三、预习要求

(1) 复习教材中关于差动放大器的工作原理及分析方法。

(2) 仔细阅读本实验原理中的有关结论。

四、实验原理

差动放大器的实验电路原理如图 3-4-1 所示。R_w 为调零电位器，R_1、R_2 为均压电阻，VT3、R_4、R_5、R_3 组成恒流源电路，静态电流为

$$I_e = \left[(E_C + E_e) \times \frac{R_5}{R_4 + R_5} - V_{be} \right] \times \frac{1}{R_3}$$

$$I_{c1} = I_{c2} \approx \frac{1}{2} I_e$$

双端输入双端输出时，差动电压放大倍数如下。

(1) 理论值计算公式为

$$A_d = \frac{-\beta R_e}{R_s + \dfrac{r_{be}}{(1+\beta)R_w/2}}$$

(2) 实验数据计算公式为

$$A_d = \frac{U_o}{U_i}$$

双端输入单端输出时，差动电压放大倍数如下。

(1) 理论值计算公式为

$$A_d = \frac{1}{2} \frac{-\beta R_e}{R_s + \dfrac{r_{be}}{(1+\beta)R_w/2}}$$

(2) 实验数据计算公式为

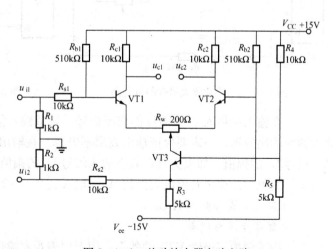

图 3-4-1　差动放大器实验电路

$$A_d = \frac{U_o}{U_i}$$

在电路严格对称的情况下，共模电压放大倍数为 $A_C=0$。

实际上，由于差动放大电路的参数很难对称，因此，差动放大器的共模放大倍数不为 0，其共模抑制比 K_{CMR} 为

$$K_{CMR} = \left| \frac{A_d}{A_C} \right|$$

五、实验内容

1. 静态工作点的测试

使 $V_c=15V$，$V_e=-15V$，用导线将 U_{i1}、U_{i2} 短接在一起并接地，用万用表测量 U_{C1}、U_{C2} 两点间的直流电压，调节 R_w，使差动放大器的输出 $U_o=|U_{C1}-U_{C2}|=0$，然后，万用表的黑表笔放在实验电路的参考点（地）上，用红表笔分别测量出各点的静态电位，填入表 3-4-1。

2. 测量差动放大倍数 A_d

(1) 差模信号的引入。双端输入双端输出时，差模信号输入接线，如图 3-4-2 所示。

(2) 在输入端加入 $f=1kHz$ 的交流信号，调节输入信号 U_i 的幅值，用示波器观察差动放大器的输出波形，一定要保证输出波形不失真。在输出 U_o 不失真的条件下应尽可能加大输入信号 U_i 的幅值。如果失真，减小输入信号 U_i 的幅值，可以消除失真。用毫伏表测量出 U_{C1}、U_{C2} 的值，计算出差模放大倍数 A_d，填入表 3-4-2。

3. 测量共模放大倍数 A_C

(1) 共模信号的引入。双端输入双端输出时，共模信号输入接线，如图 3-4-3 所示。

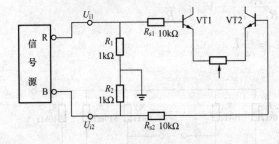

图 3-4-2 差动放大倍数测量电路 　　　　　图 3-4-3 共模放大倍数测量电路

(2) 在输入端加入 $f=1kHz$ 的交流信号，调节输入信号 U_i 的幅值，用示波器观察差动放大器的输出波形，一定要保证输出波形不失真。在输出 U_o 不失真的条件下应尽可能加大输入信号 U_i 的幅值。如果失真，减小输入信号 U_i 的幅值，可以消除失真。用毫伏表测量出 U_{C1}、U_{C2} 的值，计算出共模放大倍数 A_C，填入表 3-4-3。

4. 计算出共模抑制比 K_{CMR}

5. 观察零点漂移现象

(1) 用手触摸三极管 VT1 的外壳，用万用表观察输出电压的变化。

(2) 用手触摸三极管 VT2 的外壳，用万用表观察输出电压的变化。

(3) 用手同时触摸三极管 VT1 和 VT2 的外壳，用万用表观察输出电压的变化。

实 验 报 告

实验名称 　　　　　　　差 动 放 大 器　　　　　　

班　　级 　　　　　　 姓 名 　　　　　 学 号 　　　　

同组姓名 　　　　　　　　　　　　　　　

实验日期 　　　　　　　　 审阅教师 　　　　　　

一、实验目的

二、实验步骤（简要叙述）、结果及分析

步骤 1：

表 3 - 4 - 1　　　　　　　　　静 态 工 作 点 的 测 试

测量点	U_{B1} （V）	U_{B2} （V）	U_E （V）	I_E （A）	U_{C1} （V）	U_{C2} （V）
计算值 （R_w 在中点）						
实验值						

步骤 2：

表 3 - 4 - 2　　　　　　　　　测量差动放大倍数 A_d

测量点	U_i （V）	U_{C1} （V）	U_{C2} （V）	U_o （V）	A_d
计算值 （R_w 在中点）					
实验值					

步骤 3:

表 3 - 4 - 3　　　　　　　　　　　　　**测量共模放大倍数 A_C**

测量点	U_i (V)	U_{C1} (V)	U_{C2} (V)	U_o (V)	A_C
计算值 (R_w 在中点)					
实验值					

比较实测值与理论估算值，分析误差原因。

步骤 4: 共模抑制比 K_{CMR} ＝

步骤 5: 简述观察到的零点漂移现象。

三、思考题

1. 调零时，用万用表还是用毫伏表，为什么？

2. 为什么不用毫伏表直接测量出 U_o 值，而是通过测量 U_{C1}、U_{C2} 再得到 U_o 值？

3.5　集成运算放大器的线性应用

一、实验目的

(1) 掌握集成运算放大器在基本运算电路中的应用。

(2) 掌握基本运算电路的组成和调试方法。

二、实验仪器

(1) 万用表　　　　　　　　　1 块

(2) 模拟电子综合实验箱　　　1 台

三、预习要求

复习教材相关章节。

四、实验原理

设所用运算放大器均为理想器件，在图 3-5-1 中则有

$$A_{od} = \frac{U_o}{U_N - U_N'} = \infty$$

$$r_{id} = \frac{U_N - U_N'}{I_i} = \infty$$

由此推出理想状态下运算放大器线性应用的两条重要结论如下：

(1) $U_N = U_N'$ 即同相端的电位等于反相端的电位；

(2) $I_i = 0$ 即流入运算放大器的输入电流为零。

根据上述两条结论，可以分析实验中各种运算电路的性能指标。

五、实验内容

1. 反相比例放大运算（见图 3-5-2）

(1) 给图 3-5-2 所示的实验电路加上 ±12V 的直流电源。

(2) 将直流信号源（模拟电子综合实验仪本身能产生直流信号）的输出端与实验电路 A 相连，直流信号源的地（GNG）与实验电路的 GND 点相连。

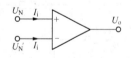

图 3-5-1　集成运算放大器

(3) 如表 3-5-1 所示，调节输入信号 U_i 幅值分别为 0.5V、0.8V、−0.5V 和 −0.8V，用万用表测量出输出信号 U_o 幅值，填入表 3-5-1，计算出放大电路的放大倍数 A_f。

反相比例运算放大器的放大倍数计算公式为

实际值为 $A_f = \dfrac{U_o}{U_i}$　　　理论值为 $A_f = \dfrac{R_f}{R_i}$

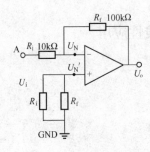

图 3-5-2 反相比例放大运算

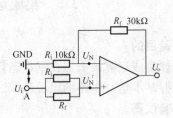

图 3-5-3 同相比例放大运算

2. 同相比例放大运算（见图 3-5-3）

（1）给图 3-5-3 所示的实验电路加上 ±12V 的直流电源。

（2）将直流信号源（模拟电子综合实验仪本身能产生直流信号）的输出端与实验电路 A 相连，直流信号源的地（GNG）与实验电路的 GND 点相连。

（3）如表 3-5-2 所示，调节输入信号 U_i 幅值分别为 1V、2V、−1V 和 −2V，用万用表测量出输出信号 U_o 的幅值，填入表 3-5-2，计算出放大电路的放大倍数 A_f。

同相比例运算放大器的放大倍数计算公式为

实际值为 $A_f = \dfrac{U_o}{U_i}$ **理论值为** $A_f = \left(\dfrac{R_f}{R_i} + 1 \right)$

3. 差动放大器

（1）给图 3-5-4 所示的实验电路加上 ±12V 的直流电源。

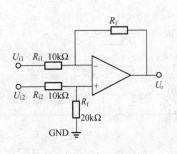

图 3-5-4 差动放大器

（2）将第一路直流信号源（模拟电子综合实验仪本身能产生两路直流信号）的输出端与实验电路 U_{i1} 相连，地（GNG）与实验电路的 GND 点相连。第二路直流信号源的输出端与实验电路 U_{i2} 相连，地（GNG）与实验电路的 GND 点相连。

（3）根据表 3-5-3 所示，调节输入信号 U_{i1} 的幅值分别为 1V、1.5V、−2V 和 −3V，U_{i2} 的幅值分别为 2V、3V、2.5V 和 1.5V，用万用表测量出输出信号 U_o 的幅值，填入表 3-5-3，计算出放大电路的放大倍数 A_f。

差动放大器的输出电压计算公式为

理论值 $U_o = \dfrac{R_f}{R_i} (U_{i2} - U_{i1}) = 2 (U_{i2} - U_{i1})$

4. 反相比例求和运算

（1）给图 3-5-5 所示的实验电路加上 ±12V 的直流电源。

（2）将第一路直流信号源（模拟电子综合实验仪本身能产生两路直流信号）的输出端与实验电路 U_{i1} 相连，地（GNG）与实验电路的 GND 点相连。第二路直流信号源的输出端与实验电路 U_{i2} 相连，地（GNG）与实验电路的 GND 点相连。

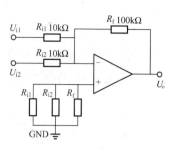

图 3 - 5 - 5   反相比例求和运算

（3）如表 3 - 5 - 4 所示，调节输入信号 U_{i1} 的幅值分别为 0.2V、0.5V、2V 和 3V，U_{i2} 的幅值分别为 0.3V、−1V、−1.5V 和−4V，用万用表测量出输出信号 U_o 的幅值，填入表 3 - 5 - 4，计算出放大电路的放大倍数 A_f。

反相比例求和运算放大器的输出电压计算公式为

理论值 $U_o = -\dfrac{R_f}{R_i}(U_{i2} + U_{i1}) = -10(U_{i2} + U_{i1})$

实 验 报 告

实验名称 ___集 成 运 算 放 大 器 的 线 性 应 用___

班 级 _____ 姓 名 _____ 学 号 _____

同组姓名 _____

实验日期 _____ 审阅教师 _____

一、实验目的

二、实验步骤（简要叙述）、结果及分析

步骤 1：

表 3 - 5 - 1 　　　　　　　反 相 比 例 放 大 运 算

U_i	0.5V	0.8V	-0.5V	-0.8V
U_N				
U_N'				
U_o（实际值）				
A_f（实际值）				
U_o（理论值）				
A_f（理论值）				

步骤 2：

表 3-5-2	同 相 比 例 放 大 运 算			
U_i	1V	2V	−1V	−2V
U_N				
U_N'				
U_o（实际值）				
A_f（实际值）				
U_o（理论值）				
A_f（理论值）				

步骤 3：

表 3-5-3	差 动 放 大 器			
U_{i1}	1V	1.5V	−2V	−3V
U_{i2}	2V	3V	2.5V	1.5V
U_o（实际值）				
U_o（理论值）				

步骤 4：

表 3-5-4	反 相 比 例 求 和 运 算			
U_{i1}	0.2V	0.5V	2V	3V
U_{i2}	0.3V	−1V	−1.5V	−4V
U_o（实际值）				
U_o（理论值）				

三、思考题

1. 在本实验电路中，同相端与反相端对地电阻有何特点？

2. 在图 3-5-2 中，用万用表测得 $U_N' \approx 0$，是否可以将 U_N' 接地，为什么？

3. 在图 3-5-4 中，若 $U_{i1} = -5V$，$U_{i2} = 5V$，是否能得到 $U_o = 2 \times [5 - (-5)] = 20V$，为什么？

第4部分 数字电子技术实验

4.0 数字电子综合实验仪简介

数字电子综合实验仪（CATO-Ⅲ）面板如图4-0-1所示。图中各部分名称与功能为：

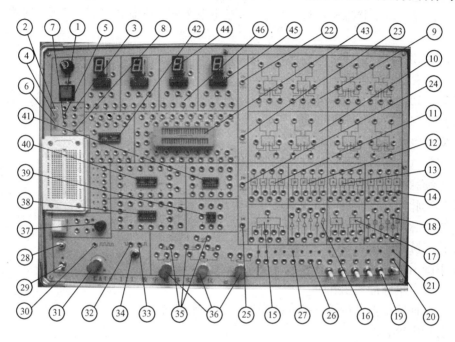

图4-0-1 CATO-Ⅲ数字电子综合实验仪

① 实验仪交流电源开关；

② 直流＋5V 电源指示灯；

③ 直流＋5V 电源输出孔；

④ 直流－12V 电源指示灯；

⑤ 直流－12V 电源输出孔；

⑥ 直流＋12V 电源指示灯；

⑦ 直流＋12V 电源输出孔；

⑧ 直流电源"地"GND；

⑨ JK 触发器实验电路；

⑩ D 触发器实验电路；

⑪ 二输入异或门实验电路；

⑫ 二输入或门实验电路；

⑬ 二输入与非门实验电路；

⑭ 二输入与门实验电路；

⑮ 八输入与非门实验电路；

⑯ 驱动器；

⑰ 四输入与非门实验电路；

⑱ 非门实验电路；

⑲ 逻辑电平控制开关，开关闭合时，逻辑电平输出孔输出高电平"1"，断开时输出低电平"0"；

⑳ 逻辑电平输出孔；

㉑ 输出逻辑电平状态显示灯，"亮"时逻辑电平输出孔输出"1"，"灭"时逻辑电平输出孔输出"0"；

㉒ JK 触发器实验电路＋5V 直流电源输入孔；

㉓ D 触发器实验电路＋5V 直流电源输入孔；

㉔ 11、12、13、14 实验电路＋5V 直流电源输入孔；

㉕ 15、16、17、18 实验电路＋5V 直流电源输入孔；

㉖ 实验电路输出状态检测孔；

㉗ 实验电路输出状态显示灯，输出高电平时"亮"，输出低电平时"灭"；

㉘ 连续脉冲发生电路交流电源开关；

㉙ 连续脉冲发生电路输出频率范围选择开关；

㉚ 连续脉冲输出孔；

㉛ 连续脉冲输出频率调节电位器；

㉜ 下降沿单脉冲输出孔；

㉝ 上升沿单脉冲输出孔；

㉞ 单脉冲输出控制按键，按一次产生一个单脉冲；

㉟ 备用电容；

㊱ 备用电位器；

㊲ 备用蜂鸣器；

㊳ 16 脚芯片实验电路；

㊴ 8 脚芯片实验电路；

㊵ 16 脚芯片实验电路；

㊶ 14 脚芯片实验电路；

㊷ 20 脚芯片实验电路；

㊸ 40 脚芯片实验电路；

㊹ 实验电路输出显示数码管；

㊺ 数码管驱动芯片；

㊻ 数码管输入控制孔。

4.1　门电路逻辑功能测试

一、实验目的
(1) 熟悉门电路逻辑功能。
(2) 熟悉数字电子综合实验箱及示波器的使用方法。

二、实验仪器
(1) 双踪示波器　　　　　　　　　1 台
(2) 数字电子综合实验箱　　　　　1 台

三、预习要求
(1) 复习门电路工作原理。
(2) 了解双踪示波器的使用方法。

四、实验原理
基本逻辑门电路图形符号及其逻辑表达式如表 4-1-1 所示。

表 4-1-1　　　　　　　　　基本逻辑门电路图形符号及其逻辑表达式

逻辑门	与	或	非	与非
图形符号	A —[&]— Y B	A —[≥1]— Y B	A —[1]—○ Y	A —[&]—○ Y B
逻辑式	$Y = A \cdot B$	$Y = A + B$	$Y = \overline{A}$	$Y = \overline{A \cdot B}$

五、实验内容

> 实验前按数字电子综合实验箱的使用说明先检查电源是否正常。

1. 测试门电路的逻辑功能

(1) 在综合实验箱上选择相应的逻辑门电路，在逻辑变量输入端接电平开关输出插口，逻辑变量输出端接电平显示发光二极管。

(2) 将电平开关按表 4-1-2 置位，观测逻辑输出状态（发光二极管亮为 1，不亮为 0），并填入表中。

> V_{CC} 及地线不能接错，线接好后经实验指导教师检查无误方可通电实验。实验中改动接线先断开电源，接好线后再通电实验。

2. 观测逻辑电路的逻辑关系

(1) 用与非门电路按图 4-1-1 接线，将输入、输出逻辑关系分别填入表 4-1-3 中。

(2) 写出该电路的逻辑表达式。

3. 利用与非门控制输出

按图 4-1-2 接线，C_P 接方波脉冲，S 接任一电平开关，用示波器观察 S 对输出脉冲的控制作用，并绘输出波形图于图 4-1-3 中。

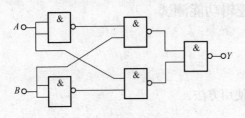

图 4-1-1　逻辑电路的逻辑关系

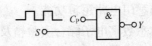

图 4-1-2　利用与非门控制输出

扩展实验　验证摩根定理

自行设计两个电路，分别实现 $Y_1 = \overline{A+B}$ 和 $Y_2 = \overline{A} \cdot \overline{B}$，观测 A、B 相同输入状态下 Y 的值，填入表 4-1-4 中，验证摩根定理 $\overline{A+B} = \overline{A} \cdot \overline{B}$。

实 验 报 告

实验名称　　　门 电 路 逻 辑 功 能 测 试

班　　级　　　　　　姓 名　　　　　　学 号　　　　

同组姓名　　　　　　　　　　　　　　　　　

实验日期　　　　　　　审阅教师　　　　　

一、实验目的

二、实验步骤（简要叙述）、结果及分析

步骤 1：

表 4 - 1 - 2　　　　　　　　　门电路逻辑功能测试表

逻 辑 门 输入逻辑变量		与	或	非	与非
A	B	Y	Y	Y	Y
0	0				
0	1				
1	0				
1	1				

步骤 2：

表 4 - 1 - 3　　　输入输出逻辑关系

输入		输出
A	B	Y
0	0	
0	1	
1	0	
1	1	

写出 Y 的逻辑表达式：

$Y=$

步骤 3:

绘输出波形:

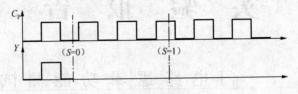

图 4 - 1 - 3 　输出波形

$Y_1 = \overline{A+B}$电路图:　　　　　　　　　　$Y_2 = \overline{A} \cdot \overline{B}$ 电路图:

表 4 - 1 - 4 　　　　验证摩根定理

输入		输出	
A	B	Y_1	Y_2
0	0		
0	1		
1	0		
1	1		

结论:

4.2 组合逻辑电路的设计

一、实验目的
掌握如何分析、设计、安装及调试组合逻辑电路。

二、实验仪器
数字电子综合实验箱 1 台

三、预习要求
预习教科书相关章节，掌握组合逻辑电路的分析和设计方法。

四、实验原理
半加器：两个一位二进制数的加法运算可用半加器实现，其中 S 表示和数，C 表示进位数。这种加法运算只考虑了两个加数本身，而没有考虑由低位来的进位，所以称为半加器。半加器真值表如表 4-2-1 所示。

表 4-2-1 半加器真值表

被加数 A	加数 B	和数 S	进位数 C
0	0	0	0
0	1	1	0
1	0	1	0
1	1	0	1

全加器：全加器能进行加数、被加数和低位来的进位信号相加，并根据求和结果给出该位的进位信号。其中 A_i 和 B_i 为相邻低位来的进位数，S_i 为本位和数（称为全加和），以及 C_i 为相邻高位的进位数。全加器真值表如表 4-2-2 所示。

表 4-2-2 全加器真值表

A_i	B_i	C_{i-1}	S_i	C_i
0	0	0	0	0
0	0	1	1	0
0	1	0	1	0
0	1	1	0	1
1	0	0	1	0
1	0	1	0	1
1	1	0	0	1
1	1	1	1	1

五、实验内容
1. 利用逻辑门电路设计半加器，并验证其逻辑功能
（1）由真值表写出 S、C 的逻辑表达式，并化简；
（2）设计 S、C 的逻辑电路并画出逻辑电路图，并在数字实验箱上完成半加器的逻辑功能。

2. 利用逻辑门电路设计全加器，并验证其逻辑功能

（1）根据真值表写出全加器 S_i、C_i 的逻辑表达式，并化简；

（2）画出 S_i、C_i 逻辑电路图，并在数字实验箱上完成全加器的逻辑功能。

扩展实验 在数字实验箱上实现该逻辑电路，列写真值表于表 4 - 2 - 3 中，并分析如图 4 - 2 - 1所示逻辑电路所实现的逻辑功能。

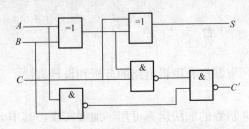

图 4 - 2 - 1　扩展实验逻辑电路

实 验 报 告

实验名称 _____ 组合逻辑电路的设计 _____

班 级 _____ 姓 名 _____ 学 号 _____

同组姓名 _____

实验日期 _____ 审阅教师 _____

一、实验目的

二、实验电路原理图

三、实验步骤（简要叙述）、结果及分析

步骤 1：

（1）写出 S、C 的最简逻辑表达式。

$S=$ $C=$

（2）画出 S、C 的逻辑电路图。

步骤 2：

(1) 写出 S_i、C_i 的最简逻辑表达式。

$S_i =$

$C_i =$

(2) 画出 S_i、C_i 的逻辑电路图。

 (1) 观测输出结果，填写真值表。

表 4-2-3　　　　　　　　　　　　　　扩 展 实 验 真 值 表

A	B	C	S	C'
0	0	0		
0	0	1		
0	1	0		
0	1	1		
1	0	0		
1	0	1		
1	1	0		
1	1	1		

(2) 分析该逻辑电路实现的功能。

4.3　集成译码器及其应用

一、实验目的

(1) 验证集成译码器 74LS138 的逻辑功能。

(2) 掌握应用中规模集成电路设计组合逻辑电路的方法。

(3) 学习查阅《TTL 集成电路设计和应用手册》。

二、实验仪器

(1) 万用表　　　　　　　　　　　　　1 块

(2) 数字电子综合实验箱　　　　　　　1 台

三、预习要求

(1) 复习教材相关章节。

(2) 查阅手册熟悉芯片 74LS138。

四、实验原理

74LS138 简介：译码器 74LS138 又称 3 线 8 线译码器，其引脚功能如图 4-3-1 所示。该译码器主要特点是当 $G_1=1$，$G_{2A}=G_{2B}=0$ 时，译码器处于工作状态，输出低电平有效。

五、实验内容

1. 熟悉集成译码器 74LS138 引脚功能

查阅《TTL 集成电路设计和应用手册》，将 74LS138 相应的输入端子填入图 4-3-1 中，并在实验箱上验证 74LS138 的逻辑功能。

2. 集成译码器 74LS138 逻辑功能的验证

(1) 在数字综合实验箱上将 74LS138 引脚 1、2、3、4、5、6 与逻辑电平"0"、"1"开关分别相连，引脚 16、8 分别与 5V 电源正、负相连，引脚 7、9、10、11、12、13、14、15 与逻辑电路输出状态显示发光二极管相连（高电平时二极管亮，低电平时二极管灭）。

(2) 根据表 4-3-1 给出的输入状态，分别观察输出状态，将结果填入表 4-3-1 中。

3. 利用 74LS138 设计一个全加器

(1) 写出全加器的逻辑真值表于表 4-3-2。

(2) 根据真值表利用卡诺图，写出 S_i、C_i 简化的逻辑表达式。

(3) 根据选定的器件，画出 S_i、C_i 的逻辑电路图。

 用一个 74LS138 和适当的逻辑门实现函数

$$F=\overline{A}\,\overline{B}C+A\overline{B}\,\overline{C}+AB\overline{C}+ABC$$

实 验 报 告

实验名称　　　　　集 成 译 码 器 及 其 应 用

班　　级　　　　　　姓 名　　　　　　学 号

同组姓名　　　　　

实验日期　　　　　　　审阅教师　　　　　

一、实验目的

二、实验步骤（简要叙述）、结果及分析

步骤 1：

将 74LS138 相应的输入端子填入图 4 - 3 - 1 中，并在实验箱上验证 74LS138 的逻辑功能。

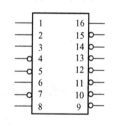

图 4 - 3 - 1　74LS138
引脚功能图

步骤 2：

表 4 - 3 - 1　　　　　　　　74LS138 集成译码器功能表

序号	输入状态						输出状态							
	G_1	G_{2A}	G_{2B}	C	B	A	Y_0	Y_1	Y_2	Y_3	Y_4	Y_5	Y_6	Y_7
0	*	1	*	*	*	*								
1	*	*	1	*	*	*								
2	0	*	*	*	*	*								
3	1	0	0	0	0	0								
4	1	0	0	0	0	1								
5	1	0	0	0	1	0								
6	1	0	0	0	1	1								
7	1	0	0	1	0	0								
8	1	0	0	1	0	1								
9	1	0	0	1	1	0								
10	1	0	0	1	1	1								

步骤3:

表 4 - 3 - 2　　　　　　　　　　全加器逻辑功能表

输　入			输　出	
A_i	B_i	C_{i-1}	S_i	C_i
0	0	0		
0	0	1		
0	1	0		
0	1	1		
1	0	0		
1	0	1		
1	1	0		
1	1	1		

卡诺图:

逻辑表达式: $S_i =$

　　　　　　$C_i =$

 设计连线,实现函数 $F = \overline{A}\,\overline{B}C + A\overline{B}\,\overline{C} + A\overline{B}C + ABC$

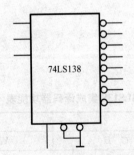

图 4 - 3 - 2　扩展实验题图

4.4 时序触发器计数器

一、实验目的

(1) 熟悉并掌握 D、J—K 触发器的结构、工作原理和功能测试方法。

(2) 熟悉集成计数器的工作原理。

(3) 学习、掌握集成计数器构成 N 进制计数器的简单方法。

二、实验仪器

(1) 数字电子综合实验箱　1台

(2) 芯片　74LS74　74LS76　74LS161

三、预习要求

(1) 复习教材相关章节。

(2) 查阅手册熟悉芯片 74LS74、74LS76、74LS161。

四、实验原理

1. J—K 触发器与 D 触发器的逻辑符号（见图 4-4-1 和图 4-4-2）

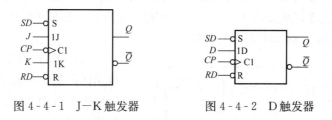

图 4-4-1　J—K 触发器　　　　图 4-4-2　D 触发器

J—K 触发器的特性方程为

$$Q^{n+1} = J\,\overline{Q^n} + \overline{K}Q^n$$

D 触发器的特性方程为

$$Q^{n+1} = D$$

2. 4 位同步二进制加计数器 74LS161 简介

如图 4-4-3 所示，74LS161 是 4 位同步二进制加计数器，其引脚 RD 是异步清零端，LD 是预置数控制端，A、B、C、D 是预置数据输出端，EP 和 ET 是计数器控制端，RCO（$= ET \cdot Q_A \cdot Q_B \cdot Q_C \cdot Q_D$）是进位控制端，$Q_A$、$Q_B$、$Q_C$、$Q_D$ 是输出端。

3. 用反馈置数法和反馈清零法构成 N 进制计数器

(1) 反馈置数法。反馈置数法适用于具有预置数功能的集成计数器。图 4-4-3 所示是反馈置数十进制计数器。进位端 RCO 的高电平通过反相器与预置数控制端相连置入计数状态，其他引脚按图 4-4-3 所示接线。给出计数脉冲，记录输出状态，画出状态转换图。

(2) 反馈清零法。反馈清零法适用于有清零输入端的集成计数器。如图 4-4-4 所示，当计数至 1011 后由 Q_A、Q_D 通过与非门将计数器置为零。实验时记录 Q 的变化，画出状态转换图。用示波器观察计数器 Q_A、Q_B、Q_C、Q_D 的输出波形，此时，CP 要用连续脉冲。

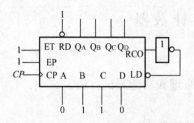 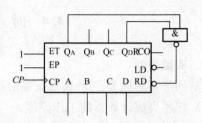

图 4-4-3　74LS161 反馈置数法　　　　图 4-4-4　74LS161 反馈清零法

五、实验内容

1. 触发器逻辑功能测试

（1）将数字电子综合实验箱上的逻辑电平"0"、"1"开关分别与 D 触发器 74LS74 的 D、SD、RD 引脚相连，与 J－K 触发器 74LS76 的 J、K、SD、RD 引脚相连。

（2）将数字电子综合实验箱上的状态显示灯——红色发光二极管分别与 J-K 触发器的 Q、$\overline{Q}$ 引脚相连，与 D 触发器的 Q、$\overline{Q}$ 引脚相连，用来显示触发器输出的逻辑状态。

（3）根据表 4-4-1、表 4-4-2 给出的 74LS74、74LS76 触发器输入电平，观察触发器输出的逻辑状态，并填写表 4-4-1、表 4-4-2。

2. 用 J－K 触发器构成如图 4-4-5 所示的时序电路，并分析所实现的功能

3. 在实验箱上进行 74LS161 功能测试

（1）查阅《TTL 集成电路设计和应用手册》，熟悉集成触发器 74LS161 引脚功能，将 74LS161 相应的输入端子填入图 4-4-6 中。

（2）将 74LS161 的引脚 LD、EP、ET、RD 与数字电子综合实验箱上的逻辑电平输出"0""1"开关相连，并置成高电平（复位后 RD 再置

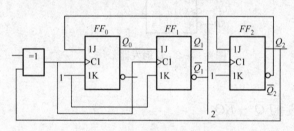

图 4-4-5　J－K 触发器时序电路

成高电平），CP 脉冲接在数字电子综合实验箱上的连续脉冲输出端，Q_A、Q_B、Q_C、Q_D 接在实验箱的发光二极管上，观察输出状态。给出 16 个以上连续脉冲，画出状态转换图于图 4-4-7 中。

4. 用 74LS161 构成九进制的加法计数器

（1）在图 4-4-8 上连线完成该功能。

（2）在实验箱上完成计数器的安装和调试，并填写真值表 4-4-3。

实 验 报 告

实验名称　　　　　　时 序 触 发 器 计 数 器

班　　级 　　　　　　姓 名　　　　　　学 号　　　

同组姓名 　　　　　　　　　　　　　　　　　　　

实验日期 　　　　　　　审阅教师　　　　　　　

一、实验目的

二、实验步骤（简要叙述）、结果及分析

步骤 1：根据表 4 - 4 - 1、表 4 - 4 - 2 的输入数据在数字电子实验仪上验证 D、J－K 触发器逻辑功能。

表 4 - 4 - 1　　　D 触发器逻辑功能表

序号	输　入				输　出	
	SD	RD	CP	D	Q^n	Q^{n+1}
1	0	1	*	*		0
						1
2	1	0	*	*		0
						1
3	1	1	↑	0		0
						1
4	1	1	↑	1		0
						1
5	1	1	0	*		0
						1

表 4 - 4 - 2　　　J－K 触发器逻辑功能表

序号	输　入					输　出	
	SD	RD	CP	J	K	Q^n	Q^{n+1}
1	0	1	*	*	*		0
							1
2	1	0	*	*	*		0
							1
3	1	1	↑	0	0		0
							1
4	1	1	↑	1	0		0
							1
5	1	1	↑	0	1		0
							1
6	1	1	↑	1	1		0
							1

步骤 2：

(1) 写出图 4 - 4 - 5 所示电路图中各触发器驱动方程。

(2) 写出图 4 - 4 - 5 所示电路的状态方程的输出方程。

（3）在数字实验箱上，实现图 4 - 4 - 5 所示逻辑电路，根据电路的输出写出真值表。

（4）画出 Q_0、Q_1、Q_2 的波形图（设备触发器的初态均为零）。

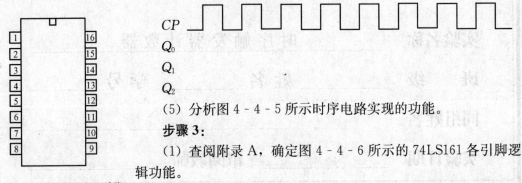

图 4 - 4 - 6　74LS161 引脚

（5）分析图 4 - 4 - 5 所示时序电路实现的功能。

步骤 3：

（1）查阅附录 A，确定图 4 - 4 - 6 所示的 74LS161 各引脚逻辑功能。

（2）在数字实验箱上验证 74LS161 的逻辑功能，完成图 4 - 4 - 7 所示的集成计数器 74LS161 状态转换图。

图 4 - 4 - 7　集成计数器 74LS161 状态转换图

步骤 4：

（1）在图 4 - 4 - 8 上连线，用 74LS161 构成九进制的加法计数器。

（2）在实验箱上完成计数器的安装和调试，并填写真值表 4 - 4 - 3。

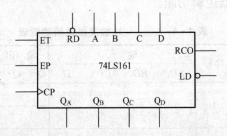

图 4 - 4 - 8　九进制的加法计数器连线图

表 4 - 4 - 3　　　　　　　　　　九进制的加法计数器真值表

CP	Q_D	Q_C	Q_B	Q_A
0				
1				
2				
3				
4				
5				
6				
7				
8				
9				

4.5　555 定 时 器 的 应 用

一、实验目的

(1) 掌握单片集成电路 555 的基本结构。

(2) 掌握用 555 时基电路构成的几种功能电路的特点。

二、实验仪器

(1) 万用表　　　　　　　　　　　　　　　1 块

(2) 数字电子综合实验箱　　　　　　　　　1 台

(3) 双踪示波器　　　　　　　　　　　　　1 台

(4) 稳压电源　　　　　　　　　　　　　　1 台

(5) 时基芯片 555　　　　　　　　　　　　1 片

三、预习要求

(1) 复习教材相关章节，进一步熟悉设计、安装及调试电路的过程。

(2) 了解集成电路 555 的基本结构。

四、实验原理

555 定时器是具有 8 引脚的双列直插式芯片的中规模集成电路，它的应用极为广泛。该电路使用灵活、方便，只需外接少量的阻容元件就可以构成单稳、多谐和施密特触发器，可以广泛的用于信号的产生、变换、控制与检测。因此，本实验采用 555 分别构成单稳、多谐和施密特触发器。

五、实验内容

1. 利用 NE555 构成施密特触发器

在图 4 - 5 - 1 中，给出了引脚功能及作为施密特触发器时的连线图，其中 8 脚和 1 脚分别为正、负电源。按图连好线后，接通电源，调节 R_w，使 $U_i=0$，再测出 U_o。然后再调节 R_w，使 U_i 分别等于表 4 - 5 - 1 给出的数据，再分别测出 U_o 值，填入表 4 - 5 - 1 中。然后 U_i 从 5V 开始减小，测出 U_o 值，填入实验报告内的表 4 - 5 - 2 中。

2. 利用 NE555 构成多谐振荡器

按图 4 - 5 - 2 电路接线，电路参数 $R_1=R_2=$ 47kΩ，$C_1=20\mu F$，$C_2=0.1\mu F$。

电路的输出端 V_o 接在实验板的监视灯上。接通电源，发光二极管有规律地闪烁，第一步完成。然后将电容 C 换成 $0.1\mu F$，并断开输出端的发光二极管，用双踪示波器分别观察 555 的 3 与 7 脚输出波形，读出 U_o 的周期。

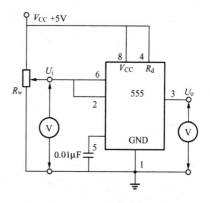

图 4 - 5 - 1　555 构成施密特触发器

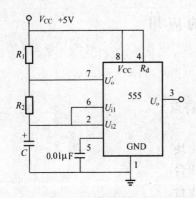

图 4-5-2　NE555 多谐振荡器

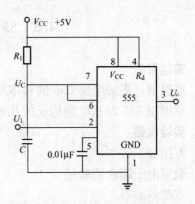

图 4-5-3　NE555 单稳态触发器

3. 利用 NE555 构成单稳态触发器

电路构成如图 4-5-3 所示，电路参数 $R=100\mathrm{k}\Omega$，$C=100\mu\mathrm{F}$。

将实验电路的输入端与数字电子综合实验箱上的单脉冲输出端 U_i 相连，实验电路的输出端与发光二极管相连。按一次单脉冲开关，观察其亮灭情况。

实 验 报 告

实验名称　　　　555 定 时 器 的 应 用

班　　级　　　　　　姓名　　　　　学号

同组姓名

实验日期　　　　　　审阅教师

一、实验目的

二、实验步骤（简要叙述）、结果及分析

步骤 1：

表 4 - 5 - 1　　　　NE555 构成的施密特触发器实验数据（1）

U_i (V)	0	0.8	1.2	1.4	1.6	1.8	2.5	3.0	3.2	3.6	4.0	4.6	5.0
U_o (V)													

表 4 - 5 - 2　　　　NE555 构成的施密特触发器实验数据（2）

U_i (V)	4.5	4.0	3.6	3.4	3.2	3.0	2.5	1.8	1.6	1.4	1.2	0.8	0
U_o (V)													

画出施密特触发器的电压传输特性曲线；

步骤 2：

计算振荡周期 $T = T_1 + T_2 = (R_1 + 2R_2) C\ln2$。

$T =$ _____

计算输出波形的占空比 $q = R_1 / (R_1 + R_2)$。

$q =$ _____

步骤3：

计算出输出脉冲密度 $t_w = 1.1RC$。

$t_w = $ _____

画出电路输出电压波形。

第 5 部分　基于 Multisim 的电工电子学仿真实验

5.0　Multisim 简介

Multisim 是 Interactive Image Technologies (Electronics Workbench) 公司推出的以 Windows 为基础的仿真工具,适用于板级的模拟/数字电路板的设计工作,其前身是 EWB (电子工作平台)。它包含了电路原理图的图形输入、电路硬件描述语言输入方式,具有丰富的仿真分析能力。为适应不同的应用场合,Multisim 推出了许多版本,用户可以根据自己的需要加以选择。本书将结合教学的实际需要,简要地介绍该软件的概况和使用方法。

5.1　Multisim 10.1 软件介绍

一、Multisim 10.1 基本界面

启动 Multisim 10.1 软件后的用户界面如图 5-1-1 所示。

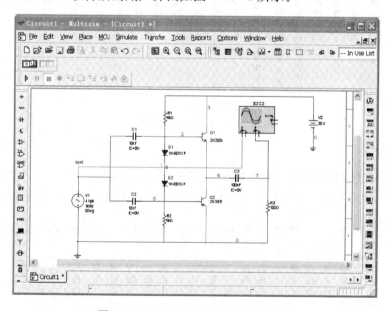

图 5-1-1　Multisim 10.1 的基本界面

Multisim 10.1 的基本界面模拟了一个电子实验工作平台的环境,主要由工具栏、缩放栏、设计栏、仿真栏、工程栏、元件栏、仪器栏、电路图编辑窗口等部分组成。其中电路图编辑窗口用来绘制电路图及添加各种测量仪器;元件栏中装有各种电子元器件,可供选择、添加;仪器栏装有各种虚拟电子测量仪器,用于仿真电路的参数测量。

二、常用工具条

1. 系统工具条

图 5-1-2 所示为 Multisim 10.1 的系统工具条,可以看出,其风格与 Windows 软件是

一致的。

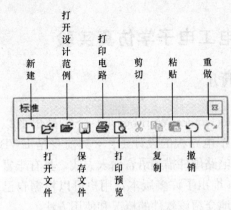

图 5-1-2　系统工具条

（标注）新建、打开设计范例、打印电路、剪切、粘贴、重做、打开文件、保存文件、打印预览、复制、撤销

2. 元件工具条

Multisim 10.1 提供了丰富的元器件库，给电路仿真带来了极大的方便。使用时单击元器件工具条的某一个图标即可打开该元器件库。

图 5-1-3 所示为 18 个元器件库的按钮图标及其含义。通常这个元器件工具条放在窗口的左边，但也可任意移动这一工具条，将其横向放置。

Multisim 软件提供的两种符号标准分别为 DIN 标准和 ANSI（美国国家标准组织）标准，执行菜单命令 Options/Global preferences/Parts 打开对话框，即可通过相应设置选项选择 DIN 标准或 ANSI 标准。

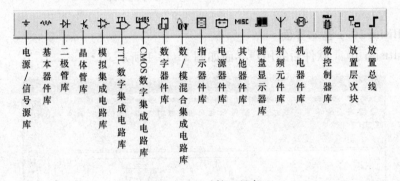

图 5-1-3　元件工具条

（标注）电源/信号源库、基本器件库、二极管库、晶体管库、模拟集成电路库、TTL数字集成电路库、CMOS数字集成电路库、数字器件库、数/模混合集成电路库、指示器件库、电源器件库、其他器件库、键盘显示器库、射频元件库、机电器件库、微控制器库、放置层次块、放置总线

3. 仪器工具条

仪器工具条含有 21 种用来对电路状态进行测试的虚拟仪器，图 5-1-4 所示为这 21 种仪器的按钮图标及其含义。各种虚拟仪器的设置及使用方法将在后面进行详细介绍。

图 5-1-4　仪器工具条

（标注）数字万用表、失真分析仪、函数信号发生器、功率计、示波器、频率计、安捷伦函数发生器、四纵示波器、波特仪、IV分析仪、字发生器、逻辑转换仪、逻辑分析仪、安捷伦示波器、安捷伦万用表、频谱分析仪、网络分析仪、泰克示波器、电流探针、LABVIEW ININSTRUMENT、测量探针

三、其他功能

1. 电路图编辑窗口

电路图编辑窗口是界面中最大的一个区域，相当于一个实际设备的操作平台，电路的绘制编辑、仿真分析及数据波形显示等都在此窗口完成。

2. 仿真开关

仿真开关用来控制仿真的进程，包括"启动/停止"和"暂停/恢复"两个按钮，仿真开关只有在电路加上信号源和虚拟仪器后才可进入运行状态。

3. 使用中的元件清单

使用中的元件清单列出了当前电路所使用的全部元件，用以进行检查或重复调用。

4. 状态栏

位于主窗口的最下面，用来显示有关当前操作及鼠标所指条目的有关信息。

5.2　Multisim 10.1 的操作使用方法

一、电路的创建

电路主要由元件和导线组成，要创建一个电路，必须掌握元件的操作和导线的连接方法。

1. 元件的操作

（1）元件的选用。选用元件主要有两种方法：①用元件工具条进行选用；②使用菜单命令 Place Component 米选用。一般以第一种方法为主。首先在元件工具条中单击该元件的图标，打开该元件库，选中要使用的元件，然后单击"确定"按钮，即可在电路图编辑窗口中看到元件随鼠标一起移动，鼠标移至设计电路的相应位置单击即可将元件放置在电路图编辑窗口中。

（2）元件的选中。在连接电路时，常常要对元件进行移动、旋转、删除、设置参数等一些必要的操作，这就需要选中该元件。要选中某个元件，只需用鼠标单击它即可。如果要一次选中多个元件时，则须按住鼠标左键将这些元件一起框起来，此时，这些元件均处于选中状态。再单击一次鼠标，即可撤销选中状态。

（3）元件的移动。要移动一个元件，只需选中拖曳该元件即可。要移动一组元件，先选中该元件，然后用鼠标左键拖曳其中任意一个元件，就会一起移动了。

（4）元件的旋转和翻转。在电路中，元件有时需要水平放置，有时又需要垂直放置。Multisim 提供了水平放置、垂直放置、顺时针旋转 90°和逆时针旋转 90°共 4 种旋转方式。有两种操作方法：①右击需要旋转的元件，就可以弹出快捷菜单，如图 5-2-1 所示。②选中要旋转的元件，执行 Edit 菜单下的相应命令即可，也可使用组合键 Ctrl＋R/L 进行顺时针或逆时针旋转。

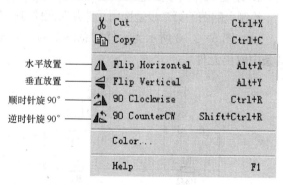

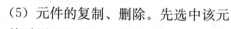

图 5-2-1　旋转快捷菜单

（5）元件的复制、删除。先选中该元件，然后用 Edit/Cut（编辑/剪切）、Edit/Copy（编辑/复制）、Edit/Paste（编辑/粘贴）等菜单命令，即可以实现元件的复制操作。选中元件，按下 Delete 键即可将其删除。

2. 元件参数的调整

（1）虚拟元件的参数调整。虚拟元件参数的修改只要用鼠标双击该元件或右击选择属性，然后在弹出的对话框中进行修改。

　　（2）真实元件的参数调整。真实元件参数的修改是通过替换（Replace）和编辑模型（Edit Model）来进行的。

　　（3）元件故障的设置。Multisim 一般对电路正常工作时的情况进行仿真分析，但有时也需要仿真某些元件损坏后的电路情况，这就需要设置元件故障的功能。Multisim 具有设置元件开路（Open）、短路（Short）和漏电（Leakage）故障的功能。双击需要设置故障的元件或右击选择属性，在弹出的对话框中，进入 Fault 选项就可以设置元件的故障。

　　3. 元件的连线操作

　　（1）导线的连接。将鼠标指向一个元件的引脚，这时鼠标呈十字形单击，导线随鼠标的移动而移动。当导线需要拐弯时，单击，到达另一元件对应引脚时再单击，即完成了一次导线的连接。此时，系统会自动给绘制的导线标上节点号。如果对所画的导线不满意，则可选中该线，按 Delete 键删除掉。

　　（2）设置导线的颜色。当复杂电路导线较多时，可以将不同的导线标上不同的颜色来加以区分。先选中该导线，再右击，通过弹出的快捷菜单中的 Color 选项来设置颜色。

　　二、仿真操作过程举例

　　读者已经基本上熟悉了元件和导线的操作过程，下面以图 5-2-2 所示的一个具体电路来说明绘制原理图及其仿真的操作过程。

　　1. 新建文件

　　新建一个空白文件包括以下三种方法：

　　（1）启动 Multisim 软件，同时会新建一个空白的文档；

　　（2）在已经打开的 Multisim 中，单击系统工具条中的图标 ▯ ，这时会提示保存当前文档，并新建一个空白文档；

　　（3）执行菜单 File/New 命令后，其功能与图标 ▯ 相同。

　　2. 放置元件及设置电路参数

　　绘制电路图的第二步是选用元件并对元件进行布局，并且根据电路的要求设置元件的参数。

　　（1）图 5-2-3 所示为元件的总体布局。应根据图中元件的种类和参数在相应的元件工具条中取出元件。

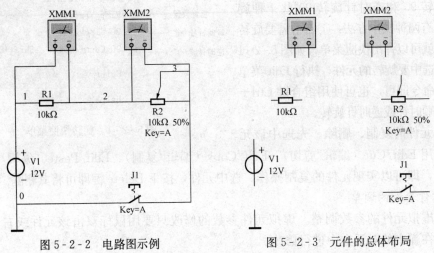

图 5-2-2　电路图示例　　　　　　　图 5-2-3　元件的总体布局

（2）设置元件参数。已经放置在电路图编辑窗口中的元件可以修改元件参数，方法与元件参数调整方法一致。

3. 连接各元件

放置导线将各相应元件及仪表仪器连接起来。在绘制导线时，单击鼠标可以控制导线的走向。同时在需要时可以右击 Place Schematic/Junction 在导线上放置节点以方便连线，节点与实际电路中的焊点作用相似。

4. 通电观察仿真结果

上面的电路绘制完毕后，可通电进行观察。按下仿真运行开关按钮或通过 Simulate 菜单下的 Run/Stop 命令，就可以改变电路在通电状态下的工作状态，如图 5-2-4 所示。

运行中还可通过图 5-2-5 所示开关控制仿真的运行。

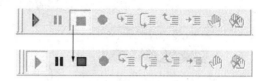

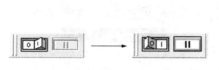

图 5-2-4 仿真运行开关按钮   图 5-2-5 仿真运行控制开关

5.3 虚拟仪器的使用方法

在 Multisim 10.1 的仪器库中存放有 20 种虚拟仪器可供使用，本书只介绍其中的 4 种常用虚拟仪器，分别是数字电压表、函数信号发生器、示波器、波特仪。

一、数字万用表（Multimeter）

1. 面板操作

图 5-3-1 所示为数字万用表的图标和面板，它可以自动调整量程，可用来测量交直流电压、电流，以及电阻和两个节点间的电压分贝值。按下面板图中的 Set（设置）按钮时，会弹出万用表窗口右边所示的一个对话框，可进行万用表的内部参数设置。

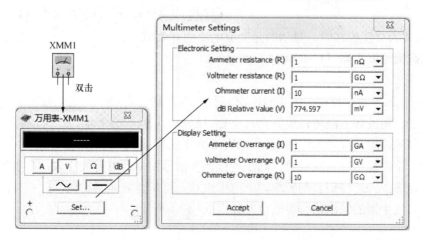

图 5-3-1 万用表图标、控制面板及其设置窗口

在参数设置对话框中，电流表内阻 Ammeter resistance（R）的大小影响电流的测量精度；电压表内阻 Voltmeter resistance（R）的大小影响电压的测量精度；用欧姆挡测量 Ohmmeter current（I）时，表示流过欧姆表的电流值。

2. 连接方法

图标上的"＋"、"－"两个端子用来连接所要测试的端点，连接方法同实际的万用表一样。

（1）测电压或电阻时，应与所要测试的端点并联。

（2）测电流时，应串入被测支路中。

图 5-3-2 所示为用万用表测图 5-2-2 电路两电阻电压的电路连接图，双击万用表可查看相应的测量值。

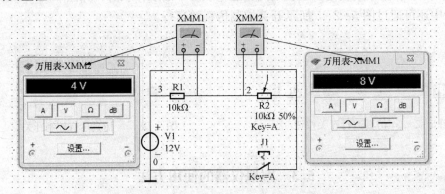

图 5-3-2　万用表测两电阻电压的电路连接图

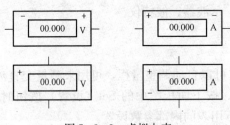

图 5-3-3　虚拟电表

此外，在 Multisim 10.1 的指示元件库中还放有虚拟电压表 VOLTMETER 和电流表 AMMETER，它们可通过旋转改变引出线的方向，如图 5-3-3 所示。虚拟电压表和电流表是一种交直流两用数字表，在转换直流与交流测量方式时，可双击电压表图标，在弹出的对话框中 Value 选项的 Mode 下，选择直流（DC）或交流（AC）。当设置为交流模式时，显示的是交流电压的有效值。

二、函数信号发生器（Function Generator）

1. 面板操作

图 5-3-4 所示为函数信号发生器的图标和面板，它主要用来产生正弦波、方波和三角波信号。对于三角波和方波可以设置其占空比（Duty cycle）的大小，还可以将正弦波、方波和三角波信号叠加到设置的电压偏置（Offset）上。

在进行电路模拟仿真的同时可以同步进行调节信号发生器的有关参数，直接观察输出信号波形的变化现象。这些信号的频率调节范围很宽，可从音频调到射频。

函数信号发生器的输出信号参数范围如表 5-3-1 所示。

2. 连接方法

（1）单极性连接方式。将 COM 端与电路的地相连，"＋"端或"－"端与电路的输入端相连。这种方式一般用于普通电路。

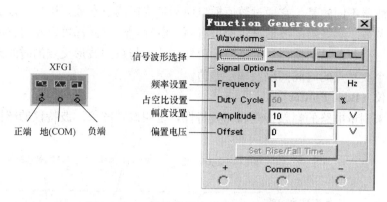

图 5-3-4　函数信号发生器的图标和面板

（2）双极性连接方式。将"＋"端与电路输入的"＋"端相连，而"－"端与电路输入的"－"端相连。这种方式一般用于信号发生器与差分电路相连，如差动放大器、运算放大器等。

表 5-3-1　　　　　　　　　　　函数信号发生器的输出信号参数范围

参数	单位	最小值	最大值	备注
频率（Frequency）	Hz	1	999MHz	
占空比（Duty cycle）	％	1	99	方波使用
振幅（Amplitude）	V	0	999kV	"＋、－"端间的振幅为设置值的 2 倍
电压偏置（Offset）	V	－999kV	999kV	指交流输出中含有的直流电压

三、示波器（Oscilloscope）

示波器是电子测量中使用最为频繁的重要仪器之一，可用来观测信号的波形并可测量信号的幅度、频率、周期和相位差等参数。Multisim 10.1 提供了数字式存储示波器，借助它用户可以看到通常在实验室无法看到的瞬间变化的波形，并加以存储保留。示波器的图标和面板如图 5-3-5 所示，这是一个双踪示波器，有 A、B 两个通道。

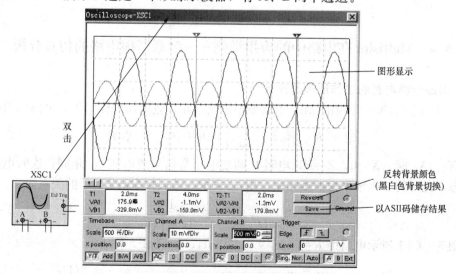

图 5-3-5　示波器的图标和面板

与实际示波器不同的是，它通过数值框口而不是旋钮调节参数，用户可以通过输入数字或鼠标来进行调节。示波器的波形显示窗口有两个游标，通过鼠标可以左右移动游标。在显示窗口下面有三个数值显示窗口，分别显示游标与波形与被测波形交点的时间刻度及幅度的大小，以及两个交叉点的时间间隔及幅度差值。

四、波特仪（Bode Plotter）

波特仪用来测量电路的幅频特性和相频特性，也叫波特图仪。波特仪的图标和面板如图5-3-6所示。

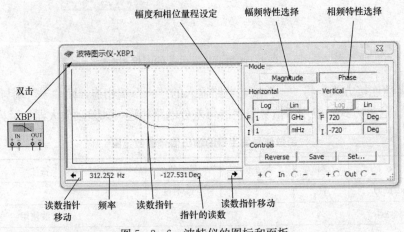

图 5-3-6　波特仪的图标和面板

波特仪有 IN 和 OUT 两对接线端口，其中 IN 端口的"＋"端接电路输入的正端，IN端口的"－"端接电路输入的负端；OUT 端口的"＋"端和"－"端分别接电路输出的正端和负端。使用时，必须在电路的输入端接入 AC（交流）信号源但对其频率的设定并无特殊的要求。通过对波特仪面板中的 Horizontal（水平坐标）频率设置区域来设置频率的初始值 I（Initial）下拉框和最终值 F（Final）下拉框中的数值。如果修改了波特仪的参数设置（如坐标范围）及其在电路中的测试点，则为了确保测试曲线的完整与准确，建议修改后重新启动仿真开关。

5.4　Multisim 在电路中的应用举例——串联谐振电路的仿真分析

一、串联谐振电路的工作原理及理论分析

图5-4-1所示为一简单的 RLC 串联谐振电路，在正弦电压的作用下，电路的阻抗 Z 为

$$Z = R + \mathrm{j}\left(\omega L - \frac{1}{\omega C}\right) = R + \mathrm{j}(X_L - X_C) \tag{5-4-1}$$

当 $X_L = X_C$ 时，$X = 0$，$Z = R$，电阻 R 两端电压与信号源电压 U_S 相同，这时电路处于谐振状态，此时的工作频率为谐振频率，用 ω_0 表示。谐振频率与 L、C 的关系为

$$\omega_0 = \frac{1}{\sqrt{LC}} \text{ 或 } f_0 = \frac{1}{2\pi\sqrt{LC}} \tag{5-4-2}$$

设图5-4-1所示电路中 $R = 51\Omega$，$L = 100\mathrm{mH}$，$C = 1\mu\mathrm{F}$，则有

$$f_0 = \frac{1}{2\pi\sqrt{L \cdot C}} = \frac{1}{2\pi\sqrt{100 \times 10^{-3} \times 1 \times 10^{-6}}} \approx 503.3(\mathrm{Hz})$$

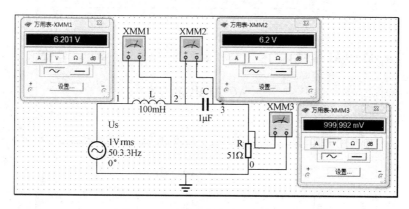

图 5 - 4 - 1　RLC 串联谐振仿真电路

当信号的频率为 f_0 时电路的总阻抗最小 $Z=R$，这时电阻 R 的电压最大；当频率偏移时，电阻 R 上的电压就会下降。R 上的电压随频率的变化是一个单峰的波形，这个波形的平坦程度与电路的品质因素 Q 的大小有关，Q 的值为

$$Q = \frac{\omega_0 L}{R} = \frac{2\pi \times 503.3 \times 100 \times 10^{-3}}{51} \approx 6.2$$

二、仿真实验步骤

（1）按图 5 - 4 - 1 所示电路参数在 Multisim 中画出相应的电路。

（2）保持输入电压源 U_S 的有效值为 1V，按表 5 - 4 - 1 的要求，使用交流电压表分别测量出 L、C、R 两端的电压有效值，将测试结果记录在表 5 - 4 - 1 中。

（3）以图 5 - 4 - 1 所示电路中的节点 3 为输出进行交流分析，可以分析出节点 3 的输出电位随频率变化的关系曲线，结果如图 5 - 4 - 2 所示（设置垂直和水平为线性刻度，频率为 $100 \sim 1000$Hz）。

（4）调整电阻 R 的值分别为 10Ω、51Ω、100Ω，画出其输出特性曲线，如图 5 - 4 - 3 所示。

表 5 - 4 - 1　　　　　　　　　　　　串联谐振电路频率特性测试

U_S(V)	f(Hz)	U_L(V)	U_C(V)	U_R(V)	备注
1	300	0.545	1.534	0.147	
1	400	1.620	2.564	0.329	
1	450	3.238	4.050	0.584	
1	475	4.765	5.339	0.813	
1	500	6.141	6.221	0.997	
1	503.3	6.201	6.200	0.999993	谐振状态
1	525	5.727	5.263	0.885	
1	550	4.551	3.810	0.672	
1	600	3.068	2.158	0.415	
1	700	2.012	1.040	0.233	

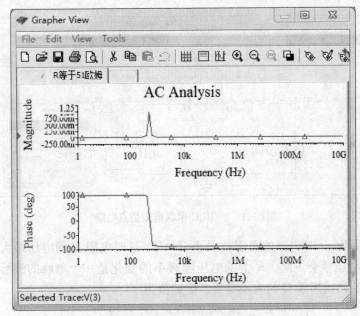

图 5 - 4 - 2　节点 3 电位随频率的变化关系

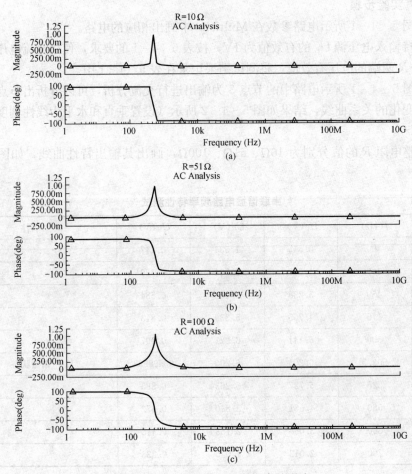

图 5 - 4 - 3　电阻 R 对品质因素的影响

三、实验数据分析及结论

从图表中分析，并思考得到以下结论：

（1）从表 5 - 4 - 1 可以看出：当信号的频率为 f_0 时电阻 R 的电压最大，基本等于信号源的电压，符合发生串联谐振时的特点；电源频率较低，$f < f_0$ 时，容抗大于感抗，因此电容电压大于电感电压；当电源频率高于谐振频率时，容抗小于感抗，则电容电压小于电感电压。

（2）从图 5 - 4 - 2 可以看出：当信号的频率为谐振频率时，节点 3 的电位最大，且此时电路的总电压与电流同相，电路呈纯阻性。

（3）从图 5 - 4 - 3 可以看出：串联电阻 R 越大，则品质因数越小，输出特性曲线越平坦；反之，电阻越小，输出特性曲线越陡峭。可以得到结论：电阻对电路的谐振频率不产生影响，但会影响电路的品质因数。

四、其他仿真实验截图

本书第 1 部分所列的电路实验均能用 Multisim 进行仿真，这里不再一一详细说明，仅给出个别仿真实验截图供参考（见图 5 - 4 - 4～图 5 - 4 - 7）。

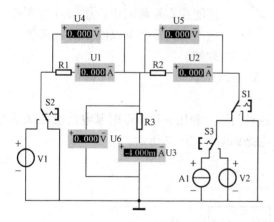

图 5 - 4 - 4　基尔霍夫定律和叠加原理

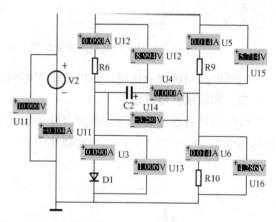

图 5 - 4 - 5　特勒根定理

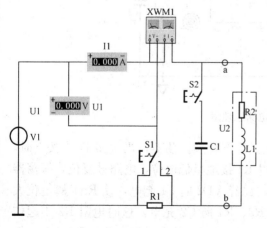

图 5 - 4 - 6　功率因数的提高

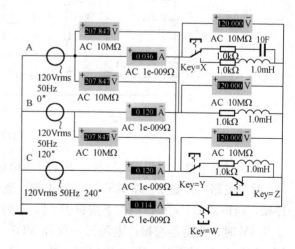

图 5 - 4 - 7　三相电路的电压和电流

5.5 Multisim 在电子中的应用举例——基于 555 定时器的门铃设计

一、方案论证与设计

555 时基电路是一种将模拟功能与逻辑功能巧妙地结合在同一硅片上的组合集成电路，其设计新颖、构思奇巧、用途广泛，备受电子专业设计人员和电子爱好者的青睐。传统的电子实验内容一般有三项：一是利用 555 构成施密特触发器，二是构成多谐振荡器，三是构成单稳态触发器。这些实验尽管只需外接少量电阻电容元件就能充分验证 555 的性能，然而由于缺少创造性，远离生活实际，难以吸引学生的学习兴趣，应寻求更贴近生活的综合性设计性实验。再考虑到电工学实验是一门非电专业的技术基础课程实验，电路不能过于复杂，还要满足实验所要涵盖的内容，所以本设计利用 555 定时器构成多谐振荡器的基本原理，外加

图 5 - 5 - 1　门铃电路组成框图

二极管和蜂鸣器（或扬声器）完成"叮咚"门铃的设计，这个设计不仅是多谐振荡器原理的具体应用，还能在实际调试中，加深对调整充放电时间常数可以改变谐振频率的理解。

门铃电路由四部分构成，其组成框图如图 5 - 5 - 1 所示。

二、实验硬件电路设计

叮咚门铃音色优美，现在不少家庭都安装了这种门铃。利用一块 555 时基电路也可以逼真地模拟出"叮—咚—"声，用它制作门铃，其电路如图 5 - 5 - 2 所示。

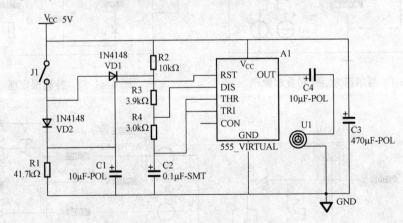

图 5 - 5 - 2　门铃电路原理图

555 时基电路和电阻 R2 和 R4、电容 C2 组成无稳态音频振荡器，当按钮 J1 未按下时，555 时基电路因强制复位端 RST（芯片 4 脚）通过 R1 接地呈低电位，电路被复位，振荡器停振，扬声器 U1 无声。当按下按钮 J1 时，电源一路经 VD2 向 C1 充电，使 RST 脚电位大于 0.4V 时，振荡器起振；电源另一路经 VD1、R3、R4 向 C2 充电，这时电阻 R2 不起作用。所以在 J1 按下时，C2 充电时间常数为 （R3＋R4）×C2，放电时间常数为 R4×C2，振荡频率约为 1600Hz，扬声器发出的是模拟"叮—"声。

松开 J1 后，C1 向 R1 放电，仍能维持集成块 RST 脚为高电平，这时 D2 反偏截止，R2 被接入振荡电路，C2 充电时间常数为（R2＋R3＋R4）×C2，放电时间常数仍为 R4×C2，所以振荡频率降低，变为 1122Hz 左右，扬声器就发出模拟的"咚—"声。随着 C1 不断放电，使集成块 RST 脚电位不断下降，当降至 0.4V 以下，振荡器停振，"咚—"声消失，电路恢复原状。所以按一次 J1 后，扬声器 U1 就发一次"叮—咚—"响声。

三、原理电路虚拟仿真

（1）运行 Multisim 软件，它会自动打开一个名为"Circuit1"的空白电路文件或者单击系统工具栏的"新建文件"按钮，新建一个名为"Circuit1"的空白电路文件。然后，可以使用 File 菜单中的 Save as 命令，在保存文件的同时，还可以重命名该文件。

（2）选择主菜单中的 Place/Component 命令，或者单击元器件库工具栏中的任意一个按钮，均会弹出一个名为 Select a Component 的窗口，在 Database 下拉列表框中选择 Master Database 选项，在 Group 下拉列表框中选择 Sources，在 Component 列表框中选择 VCC 后，单击"OK"按钮，窗口关闭，出现活动图标，将此图标移至电路图中合适位置，单击"确认"按钮，完成放置元件操作。

（3）元器件连线。Multisim 提供了自动与手工两种连线方式。所谓自动连线，就是用户按线路方向，依次单击要连线的两个元器件的引脚，由 Multisim 选择引脚间最好的路径自动完成连线操作，它可以避免连线通过元器件时和元器件重叠。手工连线由用户控制线路走向，操作时通过拖动连线，按用户自己设计的路径，单击"确定"按钮按路径转向来完成连线。用户可以将自动连线和手工连线结合使用，先用自动连线，完成后手动调整线路的布局。完成连线后的电路如图 5-5-3 所示。

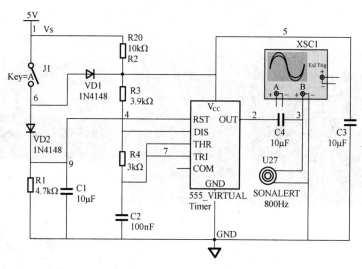

图 5-5-3　门铃电路仿真接线图

（4）电路的运行仿真。单击 Simulate→Run 菜单项或按钮 或 F5 键，开始电路仿真，通过 View/Grapher 命令打开 Grapher View（仿真图形记录器窗口），可观察到波形如图 5-5-4 所示。若波形过于密集，可通过调整示波器 Timebase 的 Scale 命令以得到清晰的波形。

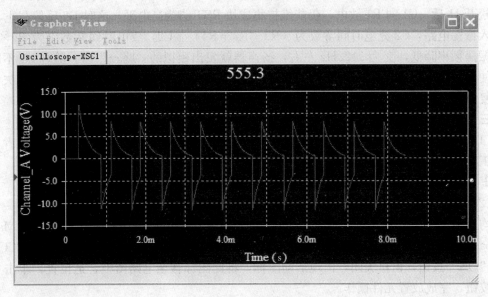

图 5-5-4　仿真波形图

四、物理电路的焊接调试

按照原理图合理选择元件,进行实际电路的焊接和调试,焊接电路如图 5-5-5 所示。经调试,电路功能正常,且简单实用。

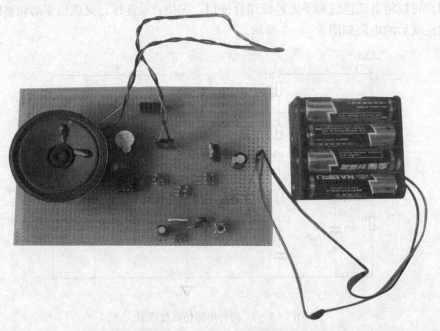

图 5-5-5　门铃实际焊接电路

第 6 部分　基于 Simulink 的电机学仿真实验

6.0　MATLAB/Simulink 简介

　　MATLAB 是矩阵实验室（Matrix Laboratory）之意。除具备卓越的数值计算能力外，它还提供了专业水平的符号计算、文字处理、可视化建模仿真和实时控制等功能。MATLAB 的基本数据单位是矩阵，它的指令表达式与数学、工程中常用的形式十分相似，故用 MATLAB 来解算问题要比用 C 语言、Fortran 语言等完成相同的事情简捷得多。

　　当前流行的 MATLAB 包括拥有数百个内部函数的主包和超过三十种工具包（Toolbox）。工具包又可以分为功能性工具包和学科工具包。功能工具包用来扩充 MATLAB 的符号计算、可视化建模仿真、文字处理及实时控制等功能。学科工具包是专业性比较强的工具包，控制工具包、信号处理工具包、通信工具包等都属于此类。除内部函数外，所有 MATLAB 主包文件和各种工具包都是可读可修改的文件，用户通过对源程序的修改或加入自己编写程序构造新的专用工具包，因此广受用户欢迎。

　　MATLAB 具有强大的数值计算能力、出色的数据图形可视化技术及日益丰富的 Simulink 动态仿真模型库，是很好的计算机仿真平台，近年来已成为科学研究和工程设计中最重要的工具之一。Simulink 是一个用来对动态系统进行建模、仿真和分析的软件包，它支持连续、离散及两者混合的线性和非线性系统，也支持具有多种采样频率的系统。在 Simulink 环境中，利用鼠标就可以在模型窗口中直观地"画"出系统模型，然后直接进行仿真。它为用户提供了方框图进行建模的图形接口，采用这种结构画模型就像用手在纸上画一样容易。它与传统的仿真软件包——微分方程和差分方程建模相比，具有更直观、方便、灵活的优点。Simulink 包含有 SINKS（输入方式）、SOURCE（输入源）、LINEAR（线性环节）、NONLINEAR（非线性环节）、CONNECTIONS（连接与接口）和 EXTRA（其他环节）子模型库，而且每个子模型库中包含相应的功能模块。用户也可以定制和创建自己的模块。

　　用 Simulink 创建的模型可以具有递阶结构，因此用户可以采用从上到下或从下到上的结构创建模型。用户可以从最高级开始观看模型，然后用鼠标双击其中的子系统模块，来查看下一级的内容，以此类推，从而可以看到整个模型的细节，帮助用户理解模型的结构和各模块之间的相互关系。在定义完一个模型后，用户可以通过 Simulink 的菜单或 MATLAB 的命令窗口输入命令来对它进行仿真。菜单方式对于交互工作非常方便，而命令行方式对于运行一大类仿真非常有用。采用 SCOPE 模块和其他的画图模块，在仿真进行的同时，就可观看到仿真结果。除此之外，用户还可以在改变参数后迅速观看系统中发生的变化情况，仿真的结果也可以存放到 MATLAB 的工作空间里用作事后处理。

6.1　Simulink 的文件操作和模型窗口

1. 新建文件

新建仿真模型文件主要有以下三种操作。

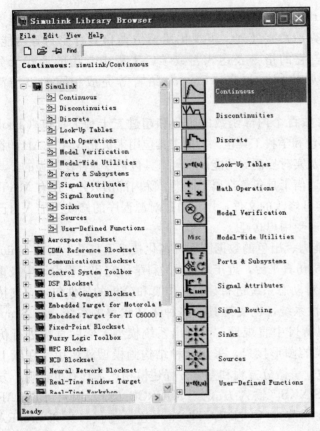

图 6-1-1　Simulink 界面

（1）在 MATLAB 的命令窗口运行 Simulink 命令，或单击工具栏中的图标，就可以打开 Simulink 模块库浏览器（Simulink Library Browser）窗口，如图 6-1-1 所示；选择菜单"File"→"New"→"Model"命令，或者单击工具栏的图标，新建的 Simulink 模型窗口如图 6-1-2 所示。

（2）在 MATLAB 的命令窗口选择菜单"File"→"New"→"Model"命令；

（3）在已打开的 Simulink 模型窗口中，选择菜单"File"→"New"→"Model"命令，或者单击工具栏的图标，可创建一个新的 untitled 模型窗口。

2. 打开文件

打开仿真模型文件主要有以下几种操作。

（1）在 MATLAB 的命令窗口输入不加扩展名的文件名，该文件必须在当前搜索路径中，如输入"dianlu001"。

（2）在 MATLAB 的命令窗口选择菜单"File"→"Open…"命令或者单击工具栏的图标打开文件。

（3）在图 6-1-1 所示的 Simulink 模块库浏览器窗口选择菜单"File"→"Open…"命令或者单击工具栏的图标打开".mdl"文件。

（4）在图 6-1-2 的 Simulink 模型窗口中选择菜单"File"→"Open…"命令或者单击工具栏的图标打开文件。

3. Simulink 的模型窗口

模型窗口由菜单、工具栏、模型浏览器窗口、模型框图窗口及状态栏组成。

（1）菜单。Simulink 的模型窗口的常用菜单如表 6-1-1 所示。

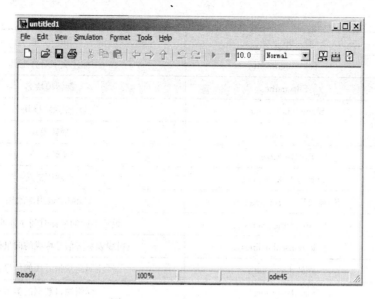

图 6 - 1 - 2　Simulink 模型窗口

表 6 - 1 - 1　　　　　　　　　　　　　**模型窗口常用菜单表**

菜单名	菜　单　项	功　　能
File	New——Model	新建模型
	Model properties	模型属性
	Preferences	Simulink 界面的默认设置选项
	Print…	打印模型
	Close	关闭当前 Simulink 窗口
	Exit MATLAB	退出 MATLAB 系统
Edit	Create subsystem	创建子系统
	Mask subsystem…	封装子系统
	Look under mask	查看封装子系统的内部结构
	Update diagram	更新模型框图的外观
View	Go to parent	显示当前系统的父系统
	Model browser options	模型浏览器设置
	Block data tips options	鼠标位于模块上方时显示模块内部数据
	Library browser	显示库浏览器
	Fit system to view	自动选择最合适的显示比例
	Normal	以正常比例（100%）显示模型
Simulation	Start/Stop	启动/停止仿真
	Pause/Continue	暂停/继续仿真
	Simulation Parameters…	设置仿真参数
	Normal	普通 Simulink 模型
	Accelerator	产生加速 Simulink 模型

续表

菜单名	菜 单 项	功　能
Format	Text alignment	标注文字对齐工具
	Filp name	翻转模块名
	Show/Hide name	显示/隐藏模块名
	Filp block	翻转模块
	Rotate Block	旋转模块
	Library link display	显示库链接
	Show/Hide drop shadow	显示/隐藏阴影效果
	Sample time colors	设置不同的采样时间序列的颜色
	Wide nonscalar lines	粗线表示多信号构成的向量信号线
	Signal dimensions	注明向量信号线的信号数
	Port data types	标明端口数据的类型
	Storage class	显示存储类型
Tools	Data explorer…	数据浏览器
	Simulink debugger…	Simulink 调试器
	Data class designer	用户定义数据类型设计器
	Linear Analysis	线性化分析工具

（2）工具栏。模型窗口工具栏如图 6-1-3 所示。

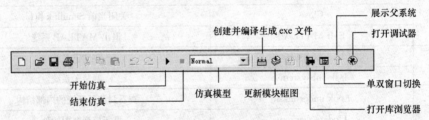

图 6-1-3　模型窗口工具栏

6.2　简　单　程　序　示　例

【例 6-2-1】　创建一个正弦信号发生和显示的仿真模型。

（1）在 MATLAB 的命令窗口运行 Simulink 命令，或单击工具栏中的█图标，就可以打开 Simulink 模块库浏览器（Simulink Library Browser）窗口，如图 6-1-1 所示。

（2）单击工具栏上的▯图标或选择菜单"File"→"New"→"Model"命令，新建一个名为"untitled"的空白模型窗口。

（3）在图 6-1-1 所示的右侧子模块窗口中，单击"Sources"子模块库前的"＋"（或双击 Sources）；或者直接在左侧模块和工具箱栏单击 Simulink 下的 Sources 子模块库，便可看到各种输入源模块；或者在搜索栏内直接输入元件英文名称，便可直接找到。

（4）用鼠标单击所需要的输入信号源模块"Sine Wave"（正弦信号），将其拖放到空白模型窗口"untitled"，则"Sine Wave"模块就被添加到 untitled 窗口，也可以用鼠标选中"Sine Wave"模块，右击后，在快捷菜单中选择"add to untitled"命令，就可以将"Sine Wave"模块添加到 untitled 窗口。

（5）用同样的方法打开接收模块库"Sinks"，选择其中的"Scope"模块（示波器）拖放到"untitled"窗口中。

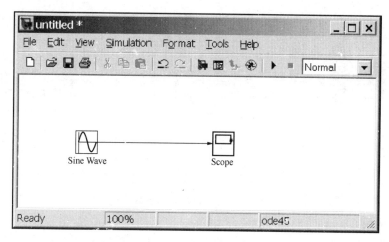

图 6-2-1　Simulink 模型窗口

（6）在"untitled"窗口中，用鼠标指向"Sine Wave"右侧的输出端，当光标变为十字符时，按住鼠标拖向"Scope"模块的输入端，松开鼠标按键，就完成了两个模块间的信号线连接，一个简单模型已经建成，如图 6-2-1 所示。

（7）开始仿真，单击"untitled"模型窗口中"开始仿真"图标 ▶，或者选择菜单"Simulink"→"Start"命令，则仿真开始。双击"Scope"模块出现示波器显示屏，可以看到黄色的正弦波形，如图 6-2-2 所示。

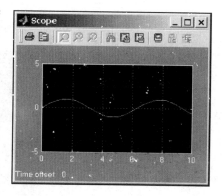

图 6-2-2　示波器窗口

（8）保存模型，单击工具栏的 🖫 图标，将该模型保存为"dianlu001. mdl"文件。

6.3　三相异步电动机起动和调速仿真实验

一、实验目的

利用 Simulink 数据图形可视化技术，直观观察三相异步电动机直接起动和串接电阻起动时电流、转矩的变化规律，直接观察变频调速时定子电流、转速的变化规律。

二、直接起动

1. 实验原理

一台三相异步电动机直接施加三相交流电源，观察起动电流、起动转矩的变化规律。三相异步电动机直接起动转矩较大，但起动电流也大，通常用于小功率电动机。直接起动的电路非常简单，用 MATLAB 进行电路仿真也非常容易。

2. 直接起动 Simulink 仿真模型

建立三相异步电动机的直接起动仿真模型，可以采用 Simulink 提供的仿真模块，如交流电流、电压测量等，如图 6-3-1 所示。

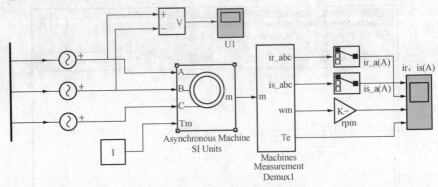

图 6-3-1　直接起动仿真模型

3. 仿真结果

运行上述仿真模型，可以得到直接起动过程中电动机的转矩、电流、转速变化规律曲线，如图 6-3-2 所示。

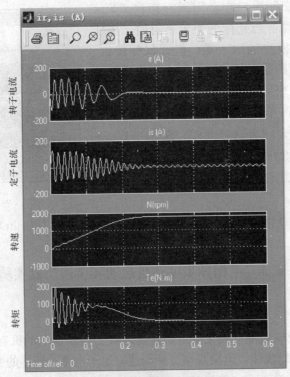

图 6-3-2　直接起动仿真结果

三、转子绕组串电阻起动

1. 实验原理

对于绕线式电动机来说，可以采用绕组串电阻起动，即在电动机的转子绕组上串接一定的电阻，这样既可以降低起动电流，还可以增加起动转矩。当起动结束时，这些电阻及时切除，使电动机工作在正常状态。

2. 仿真模型

图 6-3-3 所示为三相异步电动机转子绕组串电阻起动仿真模型。

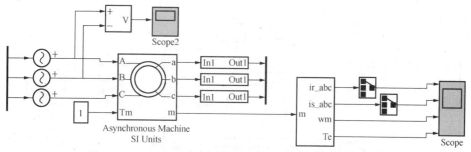

图 6-3-3　三相异步电动机转子绕组串电阻起动仿真模型

3. 仿真结果

运行上述仿真模型，可以得到电动机起动过程中的转矩、电流、转速变化规律曲线，如图 6-3-4 所示。

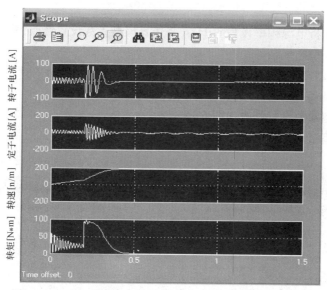

图 6-3-4　三相异步电动机转子绕组串电阻起动仿真结果

转子绕组串电阻起动时，串联的电阻值必须大小合适，其目的是为了增加起动转矩，减小起动电流，实现快速起动。如果电阻阻值过大，则可能适得其反，可以尝试在仿真模型参数设置里面反复修改参数并观察起动效果。

四、变频调速仿真

1. 实验原理

改变三相异步电动机的定子电源频率，观察定子电流、转速的变化规律。

由于电动机的转速 n 与旋转磁场的转速 n_1 接近，磁场转速 n_1 改变后，电动机的转速 n 也随之变化。由公式 $n_1 = 60f_1/p$ 可知，改变电源频率 f_1，可以调节磁场转速，从而改变电动机转速，此种调速方法称为变频调速。

2. 仿真模型（见图 6-3-5）

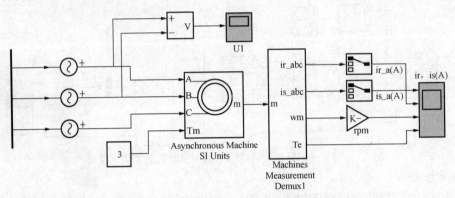

图 6-3-5　三相异步电动机变频调速模型

3. 仿真结果

（1）运行前首先将电源频率设为 60Hz，将仿真模型参数设置修改为图 6-3-6。

（2）运行仿真模型。

（3）待运行结束后在 MATLAB 的指令窗口执行指令：xInitial＝xFinal，这样可以将运行结果保存为电动机当前状态。

（4）将仿真模型参数设置修改为图 6-3-7。

（5）不改变电路结构，将电源频率调整为 50Hz，重新运行仿真模型，得到的仿真结果如图 6-3-8 所示。

图 6-3-6　仿真步骤（1）的模型参数设置

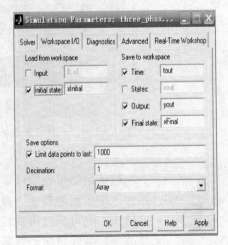

图 6-3-7　仿真步骤（4）的模型参数设置

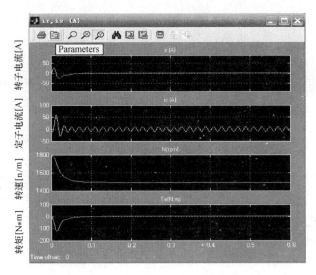

图 6-3-8　三相异步电动机变频调速仿真结果

附　录

附录1　部分常用器件介绍

一、电阻

色环电阻阻值的识别方法。如附图 1-1 所示，色环电阻的色环有三种标注方法，分别为 4 环、5 环和 6 环，每种色环电阻的解读方法如下。

(1) 4 环标注的电阻：第 1、2 环的颜色代表的是有效数字，第 3 环的颜色代表的是 10 的指数，第 4 环的颜色代表的是误差。

(2) 5 环标注的电阻：第 1、2、3 环的颜色代表的是有效数字，第 4 环的颜色代表的是 10 的指数，第 5 环的颜色代表的是误差。

(3) 6 环标注的电阻：第 1、2、3 环的颜色代表的是有效数字，第 4 环的颜色代表的是 10 的指数，第 5 环的颜色代表的是误差，第 6 环的颜色代表的是温度系数。

通用公式为　　　　　　　　　　有效数字$\times 10^{指数}\Omega$

"棕红橙黄绿蓝紫灰白黑"10 种颜色分别代表阿拉伯数字"1234567890"10 个数。

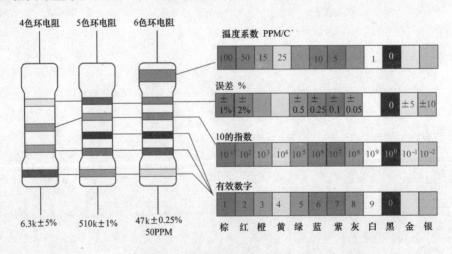

附图 1-1　色环电阻读数方法示意图

附图 1-1 所示电阻值为：

(1) 4 色环电阻：第 1 环"蓝"，第 2 环"橙"，第 3 环"红"，第 4 环"金"。

$63\times 10^2 = 6300\Omega = 6.3\text{k}\Omega$

(2) 5 色环电阻：第 1 环"绿"，第 2 环"棕"，第 3 环"黑"，第 4 环"橙"，第 5 环"棕"。

$510\times 10^3 = 510\,000\Omega = 510\text{k}\Omega$

(3) 6 色环电阻：第 1 环"黄"，第 2 环"紫"，第 3 环"黑"，第 4 环"红"，第 5 环"蓝"，第 6 环"红"。

$470 \times 10^2 = 47\ 000\Omega = 47\text{k}\Omega$

附图 1-2 为实际 5 色环电阻图片，读数时应注意第 1 环与最后一环的位置区别，最后 1 环与第 4 环之间的距离要比前 4 环之间的距离大。此电阻阻值为 5.7kΩ。

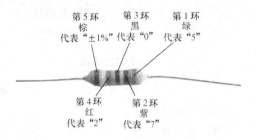

附图 1-2　实际电阻图片

二、电容

电容容量、极性的识别方法。附图 1-3 所示为电解电容实物图片，其引脚有极性区别，长引脚为正极，短引脚为负极。如果引脚无法辨别时，可以通过其外壳上的负极标志来辨别。电容的容量与耐压直接印刷在其外壳上。

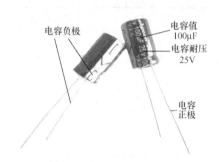

附图 1-3　电解电容图片

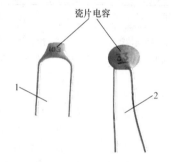

附图 1-4　瓷片电容图片

附图 1-4 所示为瓷片电容实物图片，除电解电容有极性外，其他电容无极性。容量标注包括以下两种方法。

(1) 附图 1-4 中"1"号电容标注为"103"，容量为 $0.01\mu\text{F}$。

换算方法如下：$1\text{F} = 10^6\mu\text{F} = 10^9\text{nF} = 10^{12}\text{pF}$

$102 = 10 \times 10^2\text{nF} = 0.001\mu\text{F}$

$103 = 10 \times 10^3\text{nF} = 0.01\mu\text{F}$

$104 = 10 \times 10^4\text{nF} = 0.1\mu\text{F}$

$105 = 10 \times 10^5\text{nF} = 1\mu\text{F}$

(2) 附图 1-4 中"2"号电容标注为"33"，容量为 33pF。标注的数字为其容量值，单位为"pF"。

三、半导体器件

1. 半导体器件型号的组成

半导体器件型号由以下五部分组成。

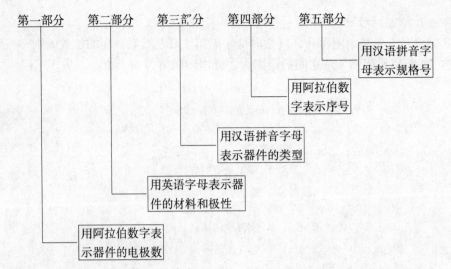

第一部分　第二部分　第三部分　第四部分　第五部分

用汉语拼音字母表示规格号

用阿拉伯数字表示序号

用汉语拼音字母表示器件的类型

用英语字母表示器件的材料和极性

用阿拉伯数字表示器件的电极数

2. 型号组成部分的符号及其意义

半导体器件型号组成部分的符号及其意义如附表 1-1 所示。

附表 1-1　　　　　　　　半导体器件型号组成部分的符号及意义

第一部分		第二部分		第三部分		第四部分	第五部分
用数字表示器件的电极数目		用英语字母表示器件的材料和极性		用汉语拼音字母表示器件的类型			
符号	意义	符号	意义	符号	意义	用数字表示器件序号	用汉语拼音字母表示规格
2	二极管	A	N 型，锗材料	P	普通管		
		B	P 型，锗材料	V	微波管		
		C	N 型，硅材料	W	稳压管		
		D	P 型，硅材料	K	开关管		
3	三极管	A	PNP 型，锗材料	D	低频管		
		B	NPN 型，锗材料	Z	整流管		
		C	PNP 型，硅材料	G	高频管		
		D	NPN 型，硅材料				

例如，"3DG6"表示为：

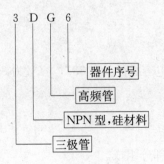

3　D　G　6

器件序号

高频管

NPN 型，硅材料

三极管

3. 三极管引脚辨别方法

如附图1-5所示，三极管正面（平面部分）面向读者，引脚向下，从左向右为发射极、基极、集电极。

4. 二极管引脚极性辨别方法

二极管引脚极性辨别方法如附图1-6所示，1号二极管上端的黑色圆环为负极标志位置，2号二极管白色圆环为负极标志位置。

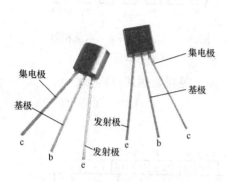

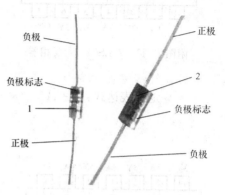

附图1-5　三极管引脚辨别图　　　　　　附图1-6　二极管引脚极性辨别图

四、74LS 系列常用芯片引脚功能图表（见附图1-7～附图1-34和表1-2～表1-5)

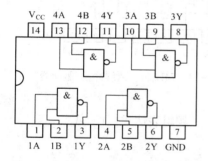

附图1-7　74LS00　四2输入正与非门

逻辑表达式：$\overline{Q}Y=\overline{AB}$

附图1-8　74LS01　四2输入正与非门
（集电极开路）

逻辑表达式：$Y=\overline{AB}$

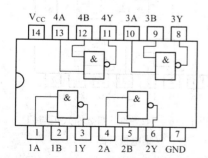

附图1-9　74LS03　四2输入正与
非门（集电极开路）

逻辑表达式：$Y=\overline{AB}$

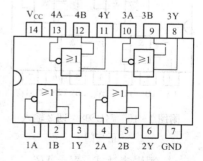

附图1-10　74LS02　四2输入正或非门

逻辑表达式：$Y=\overline{A+B}$

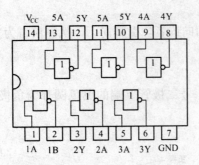

附图 1-11　74LS04　六反相器

逻辑表达式：$Y=\overline{A}$

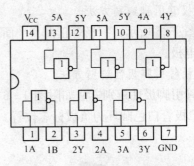

附图 1-12　74LS05　六反相器
（集电极开路）

逻辑表达式：$Y=\overline{A}$

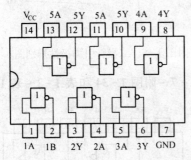

附图 1-13　74LS06　六反相缓
冲器/驱动器

逻辑表达式：$Y=\overline{A}$

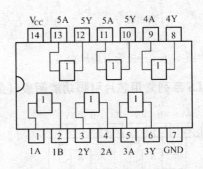

附图 1-14　74LS07　六缓冲器/驱动器

逻辑表达式：$Y=A$

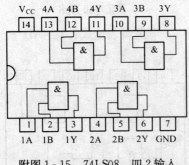

附图 1-15　74LS08　四2输入
正与门

逻辑表达式：$Y=AB$

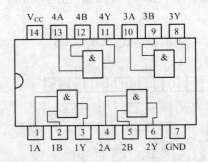

附图 1-16　74LS09　四2输入正与
门（集电极开路）

逻辑表达式：$Y=AB$

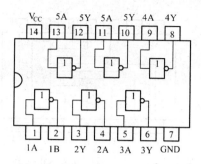

附图 1-17　74LS16　六反相器
（集电极开路）

逻辑表达式：$Y=\overline{A}$

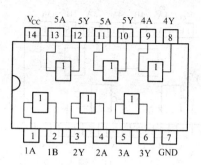

附图 1-18　74LS17　六反相缓冲器/
驱动器

逻辑表达式：$Y=A$

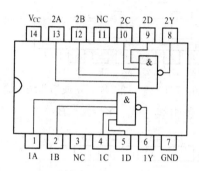

附图 1-19　74LS20　双 4 输入
正与非门

逻辑表达式：$Y=\overline{ABCD}$

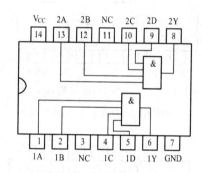

附图 1-20　74LS21　双 4 输入正与门

逻辑表达式：$Y=ABCD$

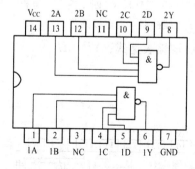

附图 1-21　74LS22
双 4 输入正与非门

逻辑表达式：$Y=\overline{ABCD}$

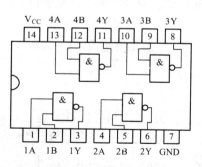

附图 1-22　74LS26　四 2
输入高压接口正与非门

逻辑表达式：$Y=\overline{AB}$

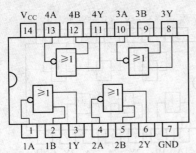

附图 1-23　74LS28　四 2 输入正或非缓冲器

逻辑表达式：$Y=\overline{A+B}$

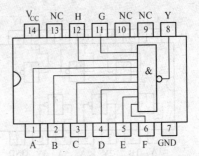

附图 1-24　74LS30　8 输入正与非门

逻辑表达式：$Y=\overline{ABCDEFGH}$

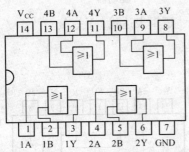

附图 1-25　74LS32　四 2 输入正或门

逻辑表达式：$Y=A+B$

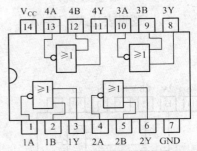

附图 1-26　74LS33　四 2 输入正或门非缓冲器

逻辑表达式：$Y=\overline{A+B}$

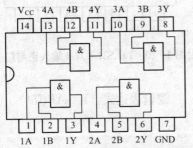

附图 1-27　74LS37　四 2 输入正与非缓冲器

逻辑表达式：$Y=\overline{AB}$

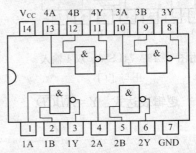

附图 1-28　74LS38　四 2 输入正与非
缓冲器（集电极开路）

逻辑表达式：$Y=\overline{AB}$

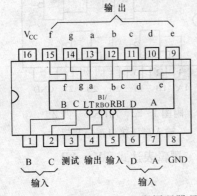

附图 1-29　74LS48　BCD—七段译码器/驱动器

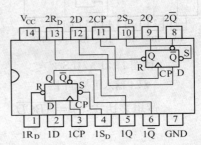

附图 1-30　74LS74　双 D 型正边沿触发器

附表 1 - 2　　74LS74 双 D 型正边沿触发器功能表

输　　入				输　　出	
S_D	R_D	CP	D	Q	$\overline{Q}$
L	H	*	*	H	L
H	L	*	*	L	H
H	H	↑	H	H	L
H	H	↑	L	L	H
H	H	L	*	Q_O	$\overline{Q}_O$

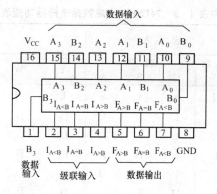

附图 1 - 31　74LS151 4 位数值比较器

附表 1 - 3　74LS138 3—8 线译码器/分配器功能表

输　　入						输　　出							
G_1	$\overline{G}_{2A}$	$\overline{G}_{2B}$	C	B	A	Y_0	Y_1	Y_2	Y_3	Y_4	Y_5	Y_6	Y_7
*	H	*	*	*	*	H	H	H	H	H	H	H	H
*	*	H	*	*	*	H	H	H	H	H	H	H	H
L	*	*	*	*	*	H	H	H	H	H	H	H	H
H	L	L	L	L	L	L	H	H	H	H	H	H	H
H	L	L	L	L	H	H	L	H	H	H	H	H	H
H	L	L	L	H	L	H	H	L	H	H	H	H	H
H	L	L	L	H	H	H	H	H	L	H	H	H	H
H	L	L	H	L	L	H	H	H	H	L	H	H	H
H	L	L	H	L	H	H	H	H	H	H	L	H	H
H	L	L	H	H	L	H	H	H	H	H	H	L	H
H	L	L	H	H	H	H	H	H	H	H	H	H	L

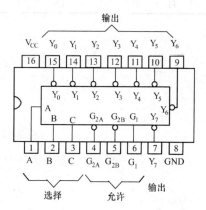

附图 1 - 32　74LS138 3 - 8 线译码器
/分配器

附表 1 - 4　　74LS148 优先权编码器功能表

输　　入									输　　出				
EI	0	1	2	3	4	5	6	7	A_2	A_1	A_0	GS	EO
H	*	*	*	*	*	*	*	*	H	H	H	H	H
L	H	H	H	H	H	H	H	H	H	H	H	H	L
L	*	*	*	*	*	*	*	L	L	L	L	L	H
L	*	*	*	*	*	*	L	H	L	L	H	L	H
L	*	*	*	*	*	L	H	H	L	H	L	L	H
L	*	*	*	*	L	H	H	H	L	H	H	L	H
L	*	*	*	L	H	H	H	H	H	L	L	L	H
L	*	*	L	H	H	H	H	H	H	L	H	L	H
L	*	L	H	H	H	H	H	H	H	H	L	L	H
L	L	H	H	H	H	H	H	H	H	H	H	L	H

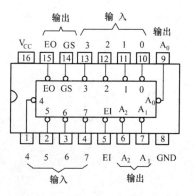

附图 1 - 33　74LS148 优先权编码器

附表 1 - 5　74LS151 集成数据选择器功能表

使 能		选 择		输 出	
G	C	B	A	Y	W
H	*	*	*	L	H
L	L	L	L	D_0	$\overline{D_0}$
L	L	L	H	D_1	$\overline{D_1}$
L	L	H	L	D_2	$\overline{D_2}$
L	L	H	H	D_3	$\overline{D_3}$
L	H	L	L	D_4	$\overline{D_4}$
L	H	L	II	D_5	$\overline{D_5}$
L	H	H	L	D_6	$\overline{D_6}$
L	H	H	H	D_7	$\overline{D_7}$

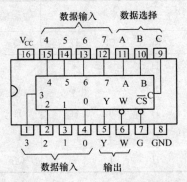

附图 1 - 34　74LS151 集成数据选择器

附录2　部分常用仪器仪表

一、交流毫伏表（YB7213）

1. 技术指标

（1）电压量程共分为 12 级：300μV/1mV/3mV/10mV/30mV/100mV/300mV/1V/3V/10V/30V/100V

（2）电压误差频率响应：

20Hz～200kHz	$\leqslant\pm3\%$
10Hz～20Hz	$\leqslant\pm10\%$
200Hz～2MHz	$\leqslant\pm10\%$

（3）输入：

阻抗	$1M\Omega$
容抗	$\leqslant50pF$

（4）最大输入电压（$DC+AC_{P-P}$）：

300V	（300μV～1V 量程）
500V	（3～100V 量程）

（5）AC 输出电压频率响应：

10Hz～2MHz	$\leqslant\pm3\%$

（6）电源　电压 220V　　　　　频率 50Hz

2. 面板操作说明（见附图 2-1）

（1）表头：黑指针指示的是 CH1（RANG）输入的电压有效值，红指针指示的是 CH2

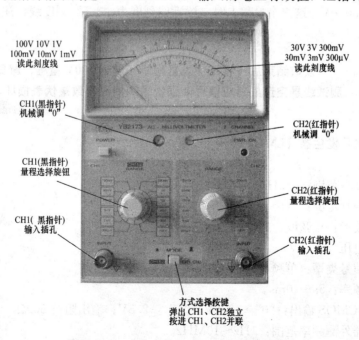

100V 10V 1V
100mV 10mV 1mV
读此刻度线

30V 3V 300mV
30mV 3mV 300μV
读此刻度线

CH1(黑指针)
机械调"0"

CH2(红指针)
机械调"0"

CH1(黑指针)
量程选择旋钮

CH2(红指针)
量程选择旋钮

CH1(黑指针)
输入插孔

CH2(红指针)
输入插孔

方式选择按键
弹出 CH1、CH2独立
按进 CH1、CH2并联

附图 2-1　交流毫伏表 YB2173 面板示意图

（RANG）输入的电压有效值。

（2）零点调节（机械调零）：仪表面板上黑圆框调节 CH1 黑指针零点，红圆框调节 CH2 红指针零点。

（3）输入接口：仪表面板上左侧黑圆框的"INPUT"是 CH1 输入接口，右侧红圆框的 "INPUT"是 CH2 输入接口。

（4）输出接口：输出接口在后面板上，当本机作为前置放大器时，由输出口向后级放大器提供输入信号。当量程选择开关在 100mV 时，输出电压约等于输入电压，量程选择开关在其他量程时，放大倍数分别以 10dB 增加或减少。

（5）方式按键：此按键弹出时，CH1、CH2 量程选择开关仅控制各自的量程，这时可以当作两块独立的表来使用。此按键按进时，CH1 量程选择开关同时控制 CH1、CH2 的电压量程，CH2 量程选择失效，这时相当两块表并联使用。

（6）接地选择开关：此开关在后面板上，被拨向上方时，CH1、CH2 不共地，此开关被拨向下方时，CH1、CH2 共地。

3. 测量电压读数方法

（1）检查指针是否在零点，如有偏差，调节表头的机械调零装置，使其指针指向零点。

（2）将量程选择旋钮设置在 100V 挡，打开电源开关。

（3）将被测信号接入本仪表输入插孔。

（4）拨动量程选择旋钮，使表头指针所指的位置在大于满量程的 1/3 小于满量程的 2/3 范围内。

（5）读数时先确定量程选择旋钮在哪一个量程上，然后再确定读哪一条刻度线。量程选择旋钮在"100V、10V、1V、100mV、10mV、1mV"这六个量程上时，读满偏刻度为 "1.1"刻度线，注意：读数时只读到"1.0"位置。量程选择旋钮在"30V、3V、300mV、30mV、3mV、300μV"这六个量程上时，读满偏刻度为"3.5"刻度线，注意：读数时只读到"3.0"位置。

 读数结束后应将毫伏表量程旋钮调到 100V 量程，避免误操作或测试线悬空造成感应信号使毫伏表满偏而导致毫伏表损坏。

二、低频信号发生器（LM1602P）

1. 技术指标

（1）输出频率范围：0.2Hz～2MHz。

（2）频率调整范围：微调 0.1～1 倍；粗调 1～10 倍。

（3）输出波形：正弦波、方波、三角波。

（4）输出电压：0～5V。

（5）输出信号类型：单频、调频、扫频。

（6）扫描频率：5s～10ms。

（7）TTL/CMOS 输出："0"≤0.6V，"1"≥2.8V；输出阻抗 600Ω。

（8）计数器外测频率范围：1Hz～10MHz。

（9）计数器外测频灵敏度：100mV。

（10）输出峰-峰值电压：35V。

（11）输出功率：≥10W。

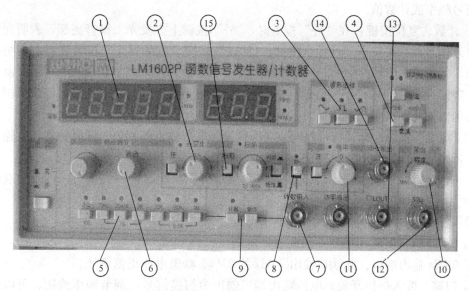

附图 2-2　低频信号发生器 LM1602P 面板示意图

2. 面板操作说明（见附图 2-2）

① LED 显示窗口：此窗口显示输出信号频率。当"外"按键按入时，显示外侧信号频率或计数脉冲个数。

② 占空比：将占空比开关"开"按入，指示灯亮起，调节旋钮，可改变输出波形占空比。

③ 波形选择开关：按下所需波形按键，指示灯亮起，在电压输出口便可以得到相应的输出波形。

④ 衰减按键：电压输出口输出的电压幅值，由输出衰减按键"20dB"、"40dB"组合控制在一定的范围内。此二键均不按下，输出衰减 0dB；"20dB"按下，输出衰减 20dB；"40dB"按下，输出衰减 40dB；"20dB"、"40dB"均按下，输出衰减 60dB。输出电压范围如附表 2-1 所示。

附表 2-1　　　　　　　　　低频信号发生器 LM1602P 输出电压范围

输出衰减	输出峰-峰值电压范围	输出衰减	输出峰-峰值电压范围
0dB	0～20V	40dB	0～200mV
20dB	0～2V	60dB	0～20mV

⑤ 频率范围选择开关：根据所需频率，按下其中一键，指示灯亮起，表明所选按键有效。按下的按键所示的频率为输出频率的上限值，相邻的下一个按键所示的频率值为输出频率的下限值。

⑥ 频率调节旋钮：在⑤确定的频率范围内，顺时针旋转此旋钮，输出频率增大，反之减小。

⑦ 计数/频率输入："计数输入"端口为计数、外侧频率输入端口。

⑧ "外"按键："外"按键按入，其上方发光二极管亮起，表明①所示的 LED 显示的是外侧信号频率或计数值。

⑨ 计数、复位按键：在"外"按下时，"外"按键上方发光二极管亮起，表明允许外部信号进入信号源，再按下"计数"按键，"计数"按键上方的发光二极管亮起，表明进入计数状态，①所示 LED 显示窗口显示当前计数脉冲个数，按下"复位"，LED 显示窗口显示 0。在"外"按键按下、"外"按键上方发光二极管亮起时，再按下⑤所示的频率范围选择按键，其上方发光二极管亮起，此时①所示 LED 显示的是外部输入信号频率。

⑩ "幅度"旋钮：此旋钮可以调节功率输出、电压输出的幅值。顺时针旋转，输出幅值增大，反之减小。

⑪ 电平调节：按下电平调节开关，电平指示灯亮，此时调解此旋钮，可改变直流偏置电平。

⑫ 电压输出端口：电压信号由此端口输出。

⑬ TTL/COMS 输出端口：由此端口输出 TTL/COMS 信号。

⑭ 50Hz 输出端口：此端口输出 50Hz 约 2V 峰-峰值电压正弦信号。

⑮ 扫描：按入扫描开关，电压输出端口输出为扫描信号，调节频率旋钮，可以改变扫描频率。改变"线性"/"对数"开关将产生线性扫描或对数扫描。

三、双踪示波器（LM4320D）（见附图 2-3）

1. 前面板控件名称与功能简介

① 亮度：调节光迹亮度，该旋钮位置应旋在中间位置。

② 辅助聚焦：辅助调节光迹清晰度。

③ 聚焦：调节光迹清晰度，该旋钮位置应旋在中间位置。

④ 轨迹旋转：调节扫描线与水平刻度线平行。

⑤ 校准信号：提供 5V、频率 1kHz 方波信号，用于校正 10/1 探极的补偿电容和校验示波器垂直与水平的偏转因数。

⑥ 示波器电源开关。

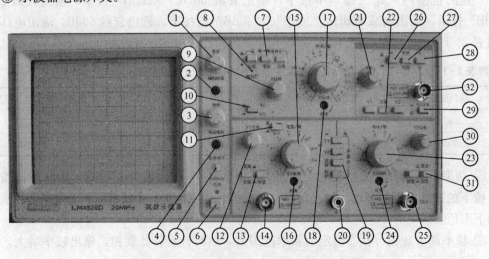

附图 2-3　双踪示波器 LM4320D 面板示意图

⑦ 触发方式（触发方式的选择）。

1）"常态"：在被测信号频率低于 20Hz 时，必须选择这种方式。无信号输入时，屏幕上无光迹显示；有信号输入时，"电平"旋钮调节在合适位置上，显示稳定波形。

2）"自动"：在被测信号频率高于 20Hz 时，选择这种方式。无信号输入时，屏幕上有光迹显示，"电平"旋钮调节在合适位置上，显示稳定波形。

3）"电视"：用于显示电视场信号。

4）"峰—峰值自动"：这种方式同自动方式，但无需调节"电平"旋钮即能同步，它一般适用于正弦波、对称方波或占空比不大脉冲波形。对于频率较高的测试信号，有时也需要借助"电平"调节。

⑧ 触发指示灯：在触发同步时，即显示波形稳定时，指示灯亮。

⑨ X（水平）移位：调节光迹在荧屏上的水平位置。

⑩ 扫描扩展开关：按下时扫描扩展 10 倍。

⑪ "X—Y"方式开关：当按下"X—Y"按键时，本机可作为 X—Y 示波器使用，此时 CH1 作为 X 轴，CH2 作为 Y 轴。

⑫/㉚ Y1、Y2 移位：调节光迹在荧屏上的水平位置。

⑬/㉛ 耦合方式：选择被测信号馈入垂直通道的耦合方式。

⑭/㉕ Y1/X、Y2/Y：垂直输入端或 X—Y 工作时，X、Y 输入端。

⑮/㉓ 垂直衰减旋钮：调节光迹在荧屏垂直方向上的显示范围，顺时针旋转幅值增大，反之减小。旋钮周围标识灯指示当前挡位在 Y 轴方向上每大格表示的电压值。

⑯/㉔ "Y1、Y2 微调校准"：顺时针旋转是为校准位置，此时可以读取显示波形的 Y 轴幅值（峰值电压）。

⑰ 水平扫描旋钮：调节扫描速度。

⑱ X 微调校准：顺时针旋转是为校准位置，此时可以读取显示波形的 X 轴幅值（周期）。

⑲ 垂直工作方式：

1）"Y1"或"Y2"按键按下，被选中的通道有效，可以显示波形，另一个通道被禁止使用。

2）"交替"按键按下，两个通道交替显示波形，此时示波器上可以同时观察到两个通道的输入波形。

3）"断续"按键按下，显示两个通道信号代数叠加后的波形。此时⑮、㉓旋钮设置的位置必须相同，"Y2 反相"按键弹起时为 Y1＋Y2，"Y2 反相"按键按下时为 Y1－Y2。

⑳ 机壳接地接线柱。

㉑ "电平"：调节被测信号的触发扫描电平。

㉒ 内触发源：

1）CH1 触发：触发源取自通道 1。

2）CH2 触发：触发源取自通道 2。

3）交替触发：触发源受垂直方式开关控制，垂直方式开关置于"CH1"，触发源自动切换到通道 1；垂直方式开关置于"CH2"，触发源自动切换到通道 2；当垂直方式开关置于"交替"时，触发源与通道 1、通道 2 同步切换，在这种状态时，两个不相关的信号频率不应相差太大，同时垂直耦合应置于"AC"。

㉖ 触发极性：选择信号的上升沿或下降沿触发扫描。

㉗ 触发方式：常态、电源。

㉘ 触发源选择：按下此键为外触发方式；弹起此键为内触发方式。

㉙ 通道 2 波形极性选择：此键按下与弹起可以改变通道 2 输出波形的极性。

㉜ 外输入插座。

2. 双踪示波器（LM4320D）基本操作

（1）打开示波器电源开关，稍后，屏幕上出现光迹。分别调节亮度、聚焦使光迹清晰。

（2）调节 X 位移、Y1 位移、Y2 位移时扫描线与水平刻度（X 轴）平行或重合。

（3）触发源选择内触发，即㉘按键弹起。

（4）内触发源选择交替，即㉒按键（交替）按下。

（5）触发方式：选择峰值自动，即⑦所示触发方式按键全部弹起。

（6）根据需要选择⑲所示按键，具体选择方法见上述⑲条。

（7）根据输入信号性质选择 Y1/X、Y2/Y 输入信号耦合方式，即信号是直流，按键13、31"直流/交流"弹起；输入信号是交流，"直流/交流"按键按下。

（8）调节旋钮⑮垂直衰减、⑰水平扫描可以观察到信号波形。

 注意事项　　如果"地"按键按下，所有信号都不能输入到示波器内，示波器只显示一条直线。

3. 峰—峰值电压测量

（1）将被测信号由 Y1 或 Y2 输入到示波器，垂直方式置于被选用通道。

（2）选择内触发、峰—峰值自动触发方式，使波形稳定。

（3）读出在一个周期内两个波峰在 Y 轴方向上所占的"大格"与"小格"数，即 A、B 两点之间的距离，如附图 2-4 所示。

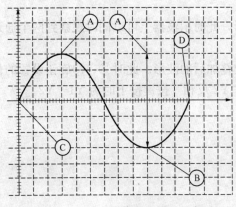

附图 2-4　峰—峰值电压测量示意图

（4）读出垂直衰减旋钮所示"电压/格"数值。例如，垂直衰减旋钮⑮、㉓标志位所对应的0.2V 绿色发光二极管亮起，表明在 Y 轴方向上一大格为 0.2V，一小格为 $0.2 \div 5 = 0.04V$。

（5）峰—峰值电压 $= 0.2V \times$"大格数"$+ 0.04V \times$"小格数"。

4. 被测波形周期与频率的测量

（1）、（2）同峰—峰值电压测量。

（3）读出被测波形在一个周期内在 X 轴方向上所占的"大格"与"小格"数，即 C、D 两点之间的距离，如附图 2-4 所示。

（4）读出⑰水平扫描旋钮所示"时间/格"数值。例如，水平扫描旋钮⑰标志位所对应的10ms 绿色发光二极管亮起，表明在 X 轴方向上一大格为 10ms，一小格为 10ms$\div 5 = 2$ms。

（5）被测波形周期 $T=10\text{ms}\times$ "大格数" $+2\text{ms}\times$ "小格数"，$f=1/T$。

四、数字万用表（DT9205N）面板名称与功能简介

① 显示屏。

② 当前所选择的量程。

③ 电源开关。

④ 显示数据保持开关，此开关按下时测量数据保持不变。

⑤ 功能选择旋钮（360°旋转）。

⑥ 电阻值测量功能区：功能选择旋钮在此区域时，显示屏显示 "1"，表示当前值为 "∞"；如果正在测量电阻时显示 "1"，表示被测电阻超出该量程测量范围。红表笔插在位置⑰、"VΩ" 孔，黑表笔插在位置⑱ "COM" 孔，红表笔为正极，黑表笔为负极。

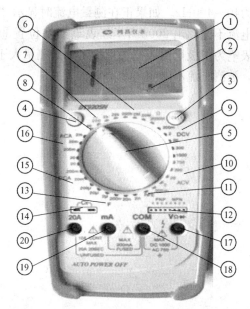

附图2-5　数字万用表 DT9205N 面板示意图

⑦ 检测电路通断功能位置，处于此位置时万用表蜂鸣器响表示两表笔间电路导通，电阻接近 "0"。

⑧ 检测二极管性能位置。

⑨ 直流电压 DCV（Direct Current Voltage）测量功能区：功能选择旋钮在此区域时，显示屏显示 "000"，输入阻抗为 10MΩ。如果正在测量电压时显示 "1"，则表示被测电压超出该量程测量范围，被测电压不能超出 1000V。红表笔插在位置⑰ "VΩ" 孔，黑表笔插在位置⑱ "COM" 孔，红表笔为正极，黑表笔为负极。

⑩ 交流电压 ACV（Alternating Current Voltage）测量功能区：功能选择旋钮在此区域时，显示屏显示 "000"，输入阻抗为 10MΩ，频率响应为 40~400Hz。如果正在测量电压时显示 "1"，则表示被测电压超出该量程测量范围。被测电压不能超出 750V。红表笔插在位置⑰ "VΩ" 孔，黑表笔插在位置⑱ "COM" 孔。

⑪ 三极管参数 β 值测量位置：首先确定被测三极管类型（是 PNP 还是 NPN），插在⑫所示的相应位置上，此时显示屏上显示的便是被测三极管的 β 值。

⑫ 被测三极管插入位置。

⑬ 电容值测量功能区：功能选择旋钮在此区域时，显示屏显示 "000"。将被测电容插在⑭所示的位置上，此时显示屏上显示的便是被测电容值。如果正在测量电容时显示 "1"，则表示被测电容超出该量程测量范围。被测电容不能超出 200μF。

⑭ 被测电容插入位置。

⑮ 直流电流 DCA 测量功能区：功能选择旋钮在此区域时，显示屏显示 "000"，如果正在测量电流时显示 "1"，则表示被测电流超出该量程测量范围，被测电流不能超出 20mA。红表笔插在位置⑲ "mA" 孔，黑表笔插在位置⑱ "COM" 孔，红表笔为正极，黑表笔为负极。如果测量大于 20mA 电流，则红表笔应插在位置⑳ "20A" 孔，被测电流不能超出 20A。

⑯ 交流电流 ACA 测量功能区：功能选择旋钮在此区域时，显示屏显示"000"，频率响应为40～400Hz。如果正在测量电流时显示"1"，则表示被测电流超出该量程测量范围，被测电流不能超出 200mA。红表笔插在位置⑲"mA"孔，黑表笔插在位置⑱"COM"孔，红表笔为正极，黑表笔为负极。如果测量大于 200mA 电流，则红表笔应插在位置⑳"20A"孔，被测电流不能超出 20A。

参 考 文 献

[1] 翟殿堂，等. 电路实验 [M]. 武汉：武汉工业大学出版社，1991.

[2] 刘耀年. 电工学实验指导书. 吉林：东北电力大学自编教材，1995.

[3] 谭敦生，等. 电机实验指导书. 吉林：东北电力大学自编教材，2003.

[4] 邹宪华，等. 模拟电子实验. 吉林：东北电力大学自编教材，1991.

[5] 刘晓峰，等. 数字电子实验. 吉林：东北电力大学自编教材，1991.

[6] 潘晓晟，等. MATLAB 电机仿真精华 50 例. 北京：电子工业出版社，2007.

[7] 程勇. 实例讲解 Multisim 10 电路仿真. 北京：人民邮电出版社，2010.